BIAD 2014 优秀工程设计

北京市建筑设计研究院有限公司 主编

中国建筑工业出版社

编制委员会	朱小地　徐全胜　张　青　张　宇　郑　实　邵韦平
	齐五辉　徐宏庆　孙成群
主　　编	邵韦平
执 行 主 编	郑　实　柳　澎　杨翊楠　王舒展
美 术 编 辑	胡珊瑚
建 筑 摄 影	杨超英　傅　兴　陈　鹤　王祥东　王欣斌（等）

序

2014 年是 BIAD 走过的第 65 个年头，作为专注于设计主业的"北京市建筑设计研究院有限公司"（BIAD）评选"年度优秀工程"是一项最重要的技术总结工作，也是对过去一年公司主业成果的一次检阅。为了记录 BIAD 的设计成果，让更多的人了解和分享 BIAD 的技术经验，我们将荣获"2014 年度优秀工程"一、二等奖的项目成果汇集成册正式出版。"作品集"收录的每一个获奖工程都凝聚了设计团队的多年心血和汗水，也展示了 BIAD 人"设计创造价值"的专业能力。

2014 年是一个丰收的年份，来自 27 个主申报部门的 75 个项目符合参评资格，成为申请"年度优秀工程"最多的年份。其中公共建筑 57 项，居住区规划及居住建筑 10 项，城市规划、景观专项各 2 项，室内专项 4 项；独立设计项目 60 项，占全部申报项目的 80%。

评委会以项目申报资料与回访实际效果为依据，从 BIAD 品牌建设高度出发，对建筑的设计创新、功能布局、造型设计、结构选型和机电系统合理、经济环保、工程控制力与完成度、使用感受等多方因素进行了全面综合的评估，务求使评选结果客观、公正。

本年度的申报项目，涌现了一批具有高品质和突出社会影响力的建筑作品、表现出较高的完成度和专业整合能力的作品——如凤凰中心，作为原创项目，在建筑的开放公共空间塑造、复杂形体的建筑控制、专业技术深化及整合、数字化表现等方面都达到很高的水平，同时获得结构、设备、电气的专项设计奖，标志着 BIAD 设计的新高度。又如，功能复杂、体量巨大的深圳宝安国际机场 T3 航站楼（福克萨斯事务所合作设计），建筑表皮采用统一而富于变化的蜂巢型设计母题，视觉冲击力极强；建筑空间随旅客流程展开，层次丰富；复杂大跨空间钢结构体系，对建筑构造、施工工艺方面的要求很高。其他项目：钓鱼台国宾馆会议中心建筑外形端庄沉稳，内饰古韵华丽，恰当的尺度处理使建筑与玉渊潭优美的环境产生有机的融合；中国园林博物馆为新中式园林风格博览建筑，在分散的园林式布局下建立整体空间形态，抽象的屋顶曲线轮廓演绎了传统建筑特征；个性鲜明的北京爱慕内衣生产厂房，打破传统工业建筑的模式，以统一延续的手法创造了富于设计感和趣味性的室内空间和外部共享环境。

2014 年，BIAD 在工程设计方面又成就一批有影响力的建筑作品，续写着设计主业新的辉煌。在此向获奖的设计师和设计团队表示祝贺，感谢他们为 BIAD 品牌提升所做出的贡献；同时也要感谢为评审顺利进行付出努力的各位专家评委和工作人员。我们也希望通过"优秀工程作品集"的出版，让追求卓越的 BIAD 设计精神得到弘扬，并激励年轻的 BIAD 设计师不断提高创作优秀作品的能力，用自己的专业技能服务社会、创造价值！

BIAD 执行总建筑师　　邵韦平

目录

序 / 邵韦平	005	中国园林博物馆	130
		辽宁省博物馆	134
凤凰中心	008	吉安文化艺术中心	138
重庆地产大厦	016	银川贺兰山体育场	142
深圳投行大厦	022	绍兴县体育场	146
成都泰丰国际广场	028	绍兴县体育馆、游泳馆	150
张家港国泰东方广场（华昌大厦二期）	032	北京汽车产业研发基地	154
通州区金融街园中园三期	036	公安部物证鉴定中心——法庭科学应用技术研究中心	158
北京市委办公楼修缮改造	040	成都中国石化集团西南科研办公基地	162
国家新闻出版总署办公楼	044	青岛国际贸易中心 A、B 栋	166
浙江新和成股份有限公司总部办公研发大厦	048	青岛万邦中心	172
成都中国石油集团川庆钻探工程有限公司科研综合楼	054	北京东方文化艺术中心	176
石家庄中银广场 A 座	058	内蒙古呼和浩特金泰丽湾商务中心	180
重庆中国石化集团四川维尼纶厂综合管理中心	062	荣华国际中心	184
深圳宝安国际机场 T3 航站楼	066	深圳皇庭国商购物广场	188
天津至秦皇岛客运专线唐山站	074	海军总医院内科医疗楼	192
钓鱼台国宾馆会议中心（芳华苑）及室内设计	078	潞河医院手术病房楼	196
神华技术创新基地	086	北京兴创投资有限公司办公楼和配套设施装修改造	200
乐成国际学校幼儿园	092	丰台区张仪村西城区旧城保护定向安置房	204
北京爱慕内衣生产厂房	098	中海·九号公馆（B、D 地块联排住宅）	210
嘉铭中心酒店	104	乐活家园二期住宅	214
白俄罗斯明斯克北京饭店	110	远洋新悦住宅	218
北京妫河建筑创意区接待中心	116	第九届中国（北京）国际园林博览会园区规划	222
北戴河华贸喜来登酒店	122	中国人民银行管理干部学院景观设计	228
昆明长水国际机场旅客过夜用房	126	其他获奖项目	232

凤凰中心

一等奖 · 总部办公
电视办公

建设地点 · 北京市朝阳公园西南角
用地面积 · 1.88 hm²
建筑面积 · 7.25 万 m²

建筑高度 · 54.00 m
设计时间 · 2007.06 ~ 2012.12
建成时间 · 2013.07

位于北京市朝阳公园西南角。不同功能的空间被包裹在一个具有生态功能的玻璃外壳内——北侧为演播功能，南侧为办公功能；两者之间形成对公众开放的互动体验空间。建筑南高北低，为办公空间创造了良好的日照、通风、景观条件，同时避免了演播空间的光照与噪声问题及对北侧住宅的日照遮挡。

曲线的壳体整合了功能和造型，并与城市环境形成和谐的关系。设计逻辑清晰、自然并具有特色的表达，以建筑本源出发的设计方法和手段体现了绿色生态理念。全过程运用系统化的数字技术，在复杂形体的建筑控制、专业技术整合与深化、建筑表现等方面都达到很高水准，传达出丰富的建筑内涵。

设计总负责人 · 邵韦平
项目经理 · 邵韦平
建筑 · 邵韦平　刘宇光　陈　颖　池胜锋
　　　 周泽渥　吴　锡
结构 · 朱忠义　束伟农　周思红
设备 · 张铁辉　杨　扬
电气 · 孙成群　金　红　郑　波
经济 · 张　鸧

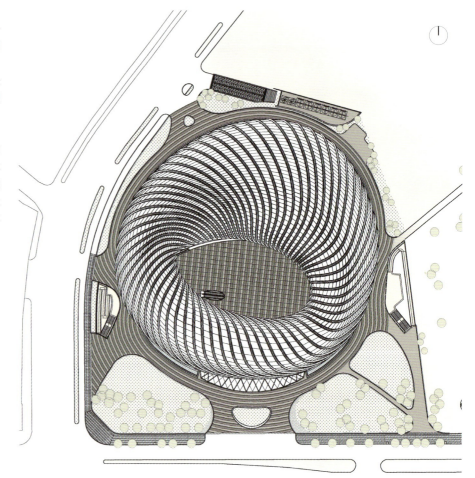

对页 01 环境关系　　本页 04 鸟瞰实景
　　 02 总平面图
　　 03 东南侧鸟瞰实景

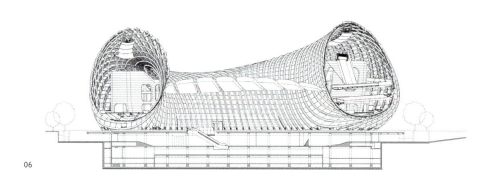

本页	05	南立面实景
	06	东西向剖面图
	07	南北向剖面图
对页	08	中心广场东侧入口
	09	中心广场实景
下一对页	10-11	西中庭实景
	12-13	开放平台实景
	14	东中庭实景

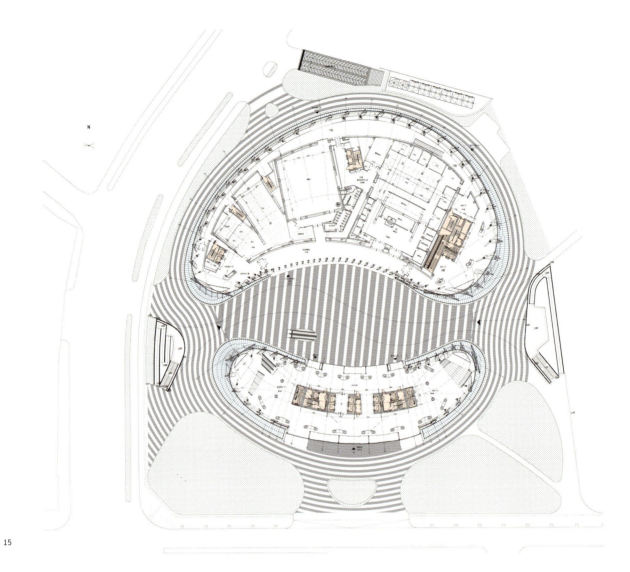

15

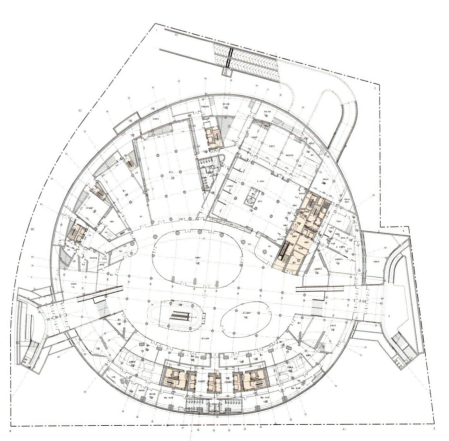

16

对页 15 首层平面图
16 地下一层平面图

本页 17 五层平面图
18 二层平面图

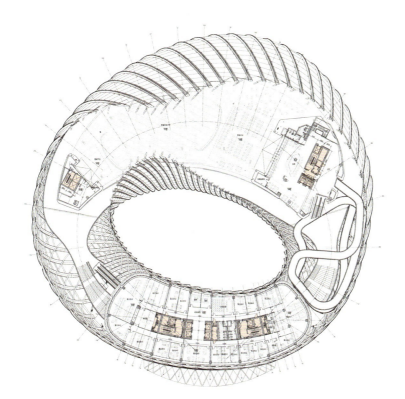

17

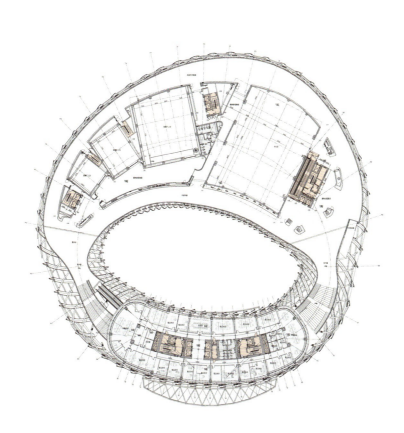

18

重庆地产大厦

一等奖 • 商务办公

建设地点 • 重庆市新溉路北侧
用地面积 • 1.51 hm²
建筑面积 • 10.84 万 m²
建筑高度 • 88.00 m
设计时间 • 2010.11~2011.09
建成时间 • 2014.01

南楼为自用办公楼，包括总部办公、会议、餐厅和报告厅等功能；北楼五至二十层作为出租办公楼；裙房为会议、商务、多功能厅、餐厅和休闲中心等公共空间。

办公楼采用巨构方式，取破土而出的意向，以强有力的相互支撑和搭接关系，通过虚实对比强化了体块与立面层次、创造了坚实的基石形象，体现总部办公气质。结合地形条件，将部分公共功能空间置于绿色坡地中，不同标高穿插多层次的绿化平台、公共活动空间，形成与城市较好的对话。

设计手法简洁有力、自然流畅，建筑整体效果冲击力较强。在建筑、结构、机电、装修和景观的一体化设计及细节表现方面都体现出较高的控制能力。

设计总负责人 • 黄新兵　董　宁
项目经理 • 黄新兵
建筑 • 黄新兵　董　宁　夏国藩　梁中义
结构 • 吴中群　张　然　沈凯震　肖　捷
设备 • 王　威　石立军　徐广义
电气 • 杨明轲　张蔚红　康　凯
经济 • 李　菁

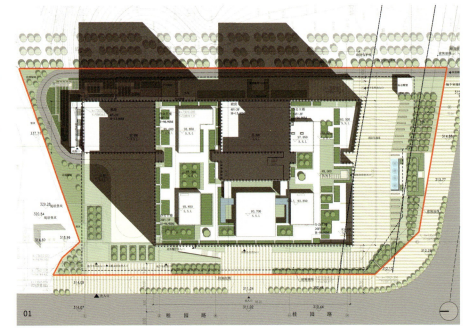

对页	01	总平面图	本页	03	西立面街景	06	局部夜景透视
	02	日景俯视图		04	入口细节	07	日景西北角透视
				05	次入口透视		

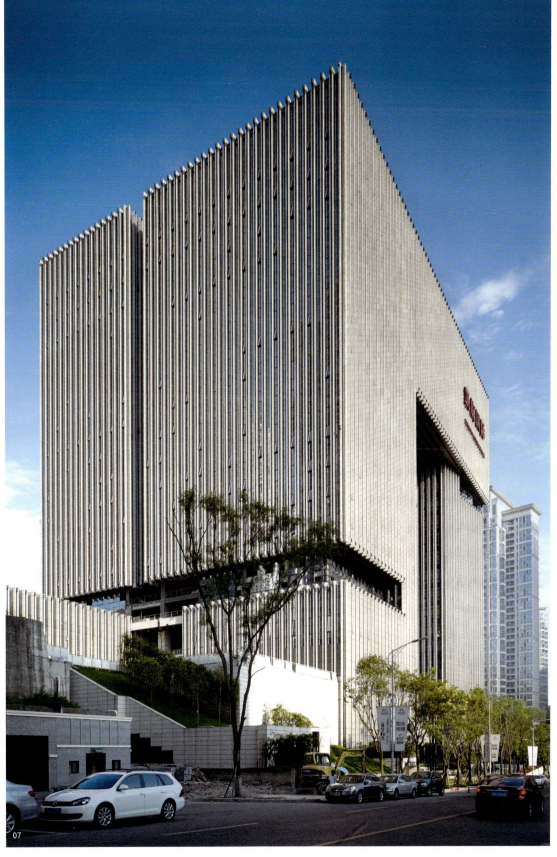

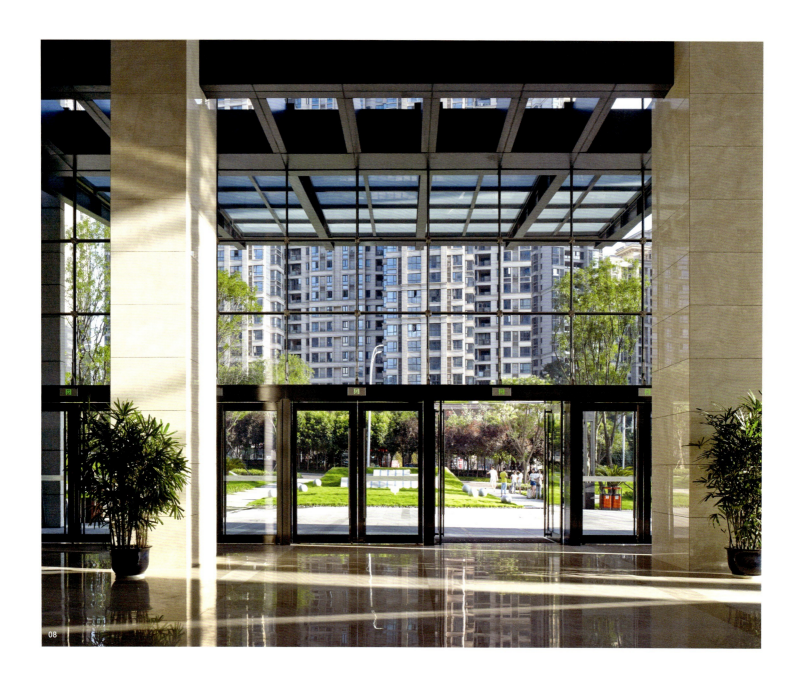

本页 08 总部大厅往外看透视
　　 09 剖面图

对页 10 总部大厅透视

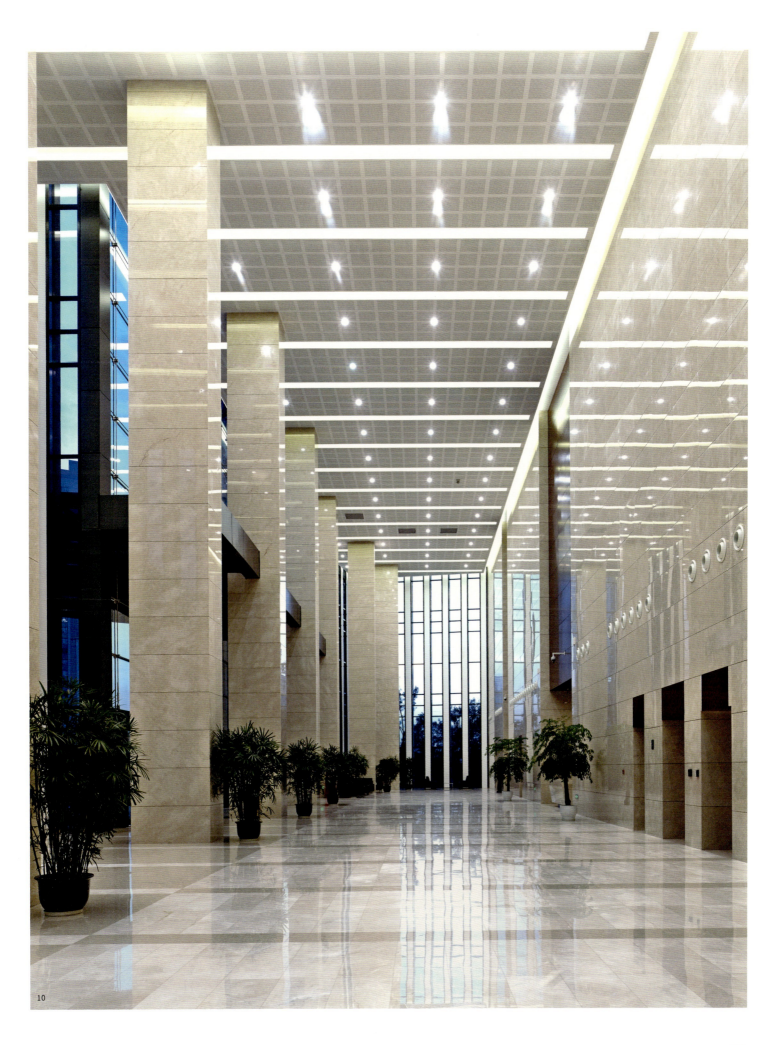

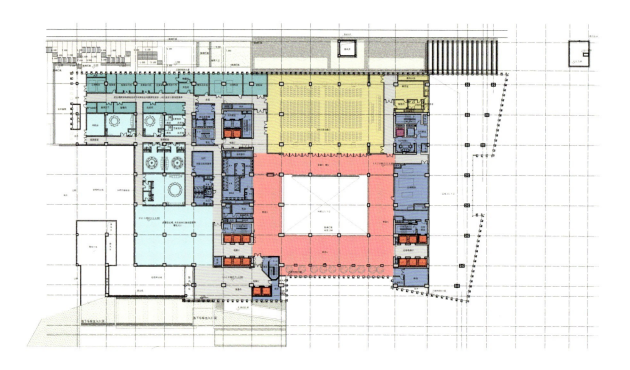

11

12

核心筒与后勤　走道　客用电梯　厨房、餐饮、运动、休闲　VIP电梯　会议　大厅

对页 11 二层平面图
     12 首层平面图

本页 13 十七层平面图
     14 九层平面图
     15 五层平面图

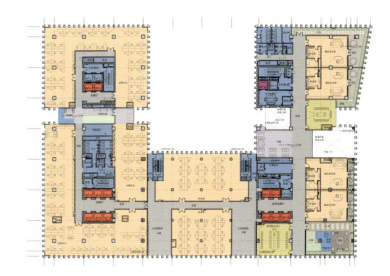
13

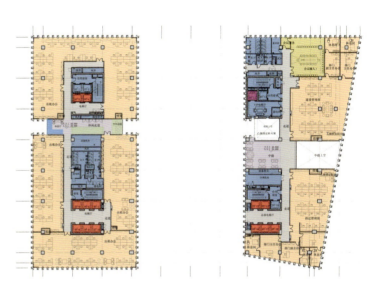
14

15

深圳投行大厦

一等奖 • 商务办公

建设地点 • 深圳市中心区福华一路南侧
用地面积 • 0.41 hm²
建筑面积 • 5.07 万 m²
建筑高度 • 99.80 m
设计时间 • 2009.07 ~ 2013.11
建成时间 • 2013.11

位于深圳城市中心区的高层办公楼群之中，复杂的城市环境成为设计的出发点。建筑平面布局方正、实用，使用效率高。核心筒、卫生间等辅助用房全部在东西两侧布置；建筑中心区域形成南北通透的开放公共空间，以此对内部功能加以整合，亦是对特定城市环境的响应，形成了独特的视觉感受和空间体验，成为建筑最大的特色。

设计总负责人 • 朱小地　刘昕欣
项目经理 • 张学俭
建筑 • 朱小地　刘昕欣　罗靖
结构 • 齐五辉　徐斌　柯吉鹏　闫锋　张春浓
设备 • 薛沙舟　富晖
电气 • 胡又新　张永利　赵洁

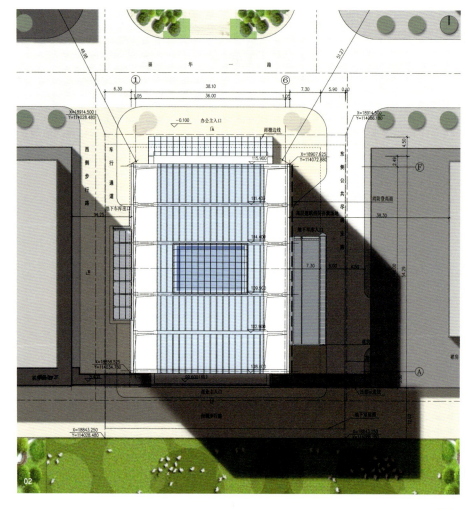

对页 01 基地位置　本页 04 北立面夜景
02 总平面图
03 鸟瞰效果

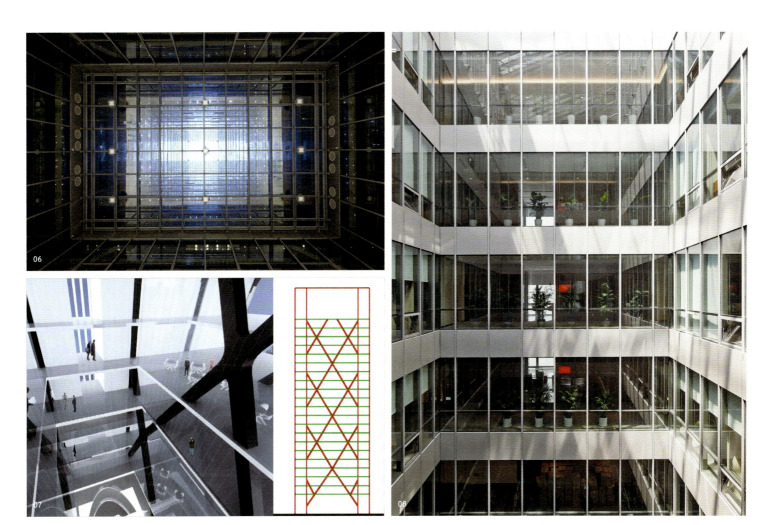
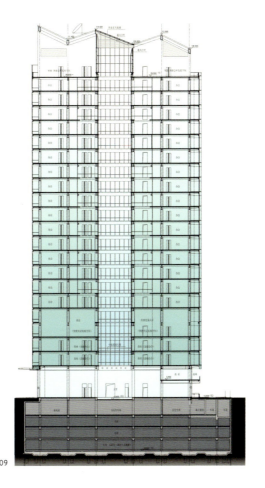
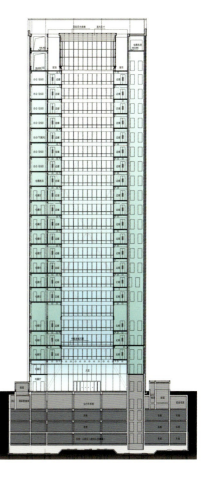

对页　05　北立面

本页　06　中庭
　　　07　生态中庭结构分析图
　　　08　中庭立面
　　　09　A-A 剖面图
　　　10　B-B 剖面图

对页 11 大堂全景
12 办公区

本页 13 二层平面图
14 五层平面图
15 首层平面图

13 14

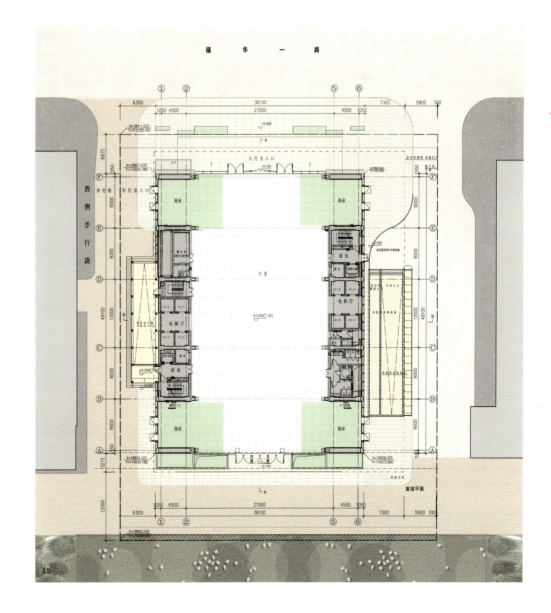

15

成都泰丰国际广场

二等奖 • 商务办公
建设地点 • 成都市青羊区人民中路二段
用地面积 • 0.79 hm²
建筑面积 • 8.54万 m²
建筑高度 • 149.50 m
设计时间 • 2010.01～2011.06
建成时间 • 2013.10

为集甲级写字楼与高端商业于一体的超高层办公楼，地处城市三岔路口。设计从城市界面的空间分析入手，重视建筑与城市的关系，强调室内空间与外部环境的联系和城市整体环境的塑造。

塔楼布置在地块西北角，角部做重点处理，裙楼东侧适当退让，使建筑庞大体量得以分解，减小对周边建筑的影响。塔楼采用玻璃与石材幕墙做法——隐框与明框相结合，竖向与横向构件相穿插，石材与玻璃相搭配。

建筑在复杂城市条件下，以简洁手法彰显其标志性，整体性较好。角部的切削处理和丰富的细节表达，缓解了建筑体量对城市环境的压迫感。

设计总负责人 • 陈 辉
项目经理 • 侯 郁
建筑 • 陈 辉　宋婷婷　徐丽光　幺 冉　王莉英
结构 • 宋 玲　王静薇　陈 哲　何 宁
设备 • 蔡志涛　王素萍　刘蓉川　刘晓海
电气 • 彭江宁　张文华

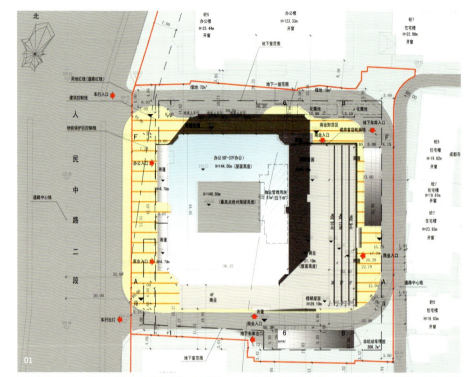

对页 01 总平面图
02 外墙细部

本页 03 西北面全景

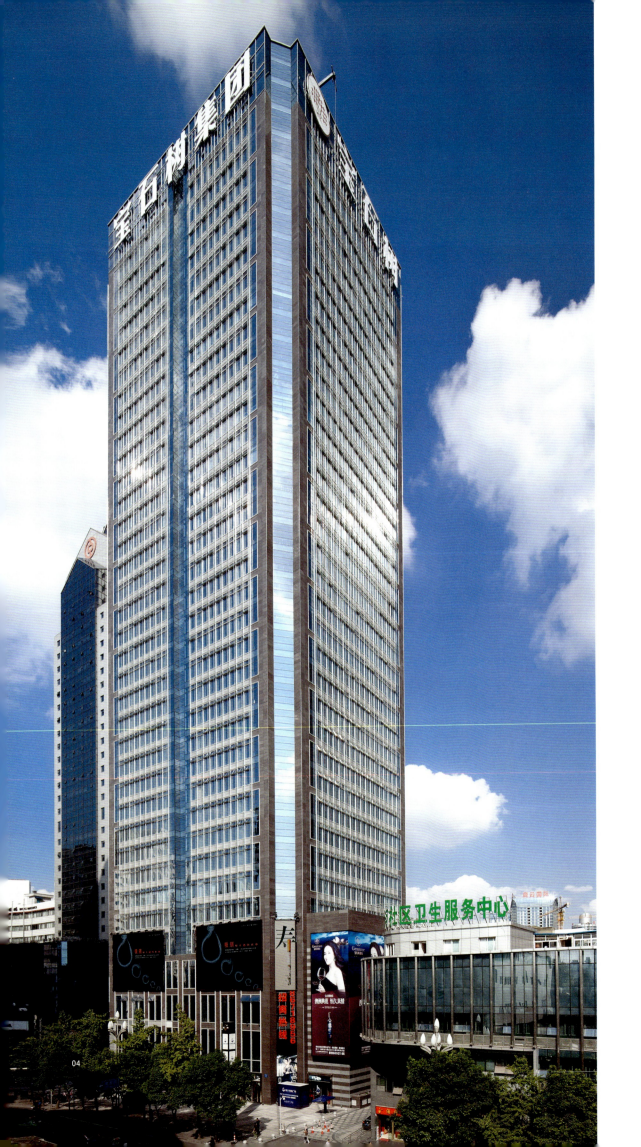

对页 04 西南俯瞰

本页 05 八至十八层平面图
06 二层平面图
07 首层平面图

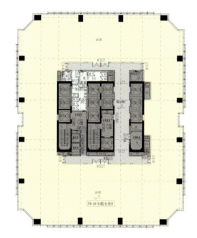
05

06

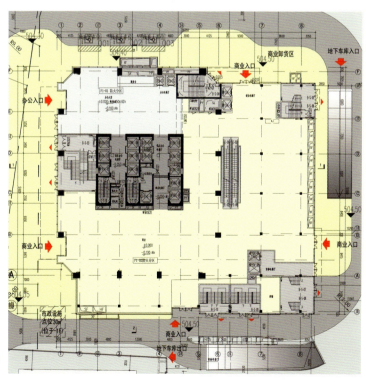
07

张家港国泰东方广场
（华昌大厦二期）

二等奖 • 商务办公

建设地点 • 江苏省张家港市区东北部
用地面积 • 2.17 hm²
建筑面积 • 9.00 万 m²
建筑高度 • 99.70 m
设计时间 • 2010.08～2011.02
建成时间 • 2013.04

为综合性办公楼建筑，与华昌大厦一期相衔接，用地方整。建筑分为主楼和副楼两部分，主楼为南北向采光，副楼为东西向采光；尽量减薄楼梯厚度，利于通风，每层建筑面积约3200m²。建筑整体效果工整、坚实，内部空间紧凑，主体形象与一期工程有良好的呼应和衔接，街道转角部位的"灯笼"造型较具个性化。

设计总负责人 • 谢 强　吴剑利
项目经理 • 谢 强
建筑 • 谢 强　吴剑利　张 钒　高 丹
结构 • 王立新　白 嘉　扈 明
设备 • 王力刚　刘纯才
电气 • 张瑞松　孙 妍

对页 01 总平面图
02 一、二期东北角中景日景透视

本页 03 西北角夜景透视

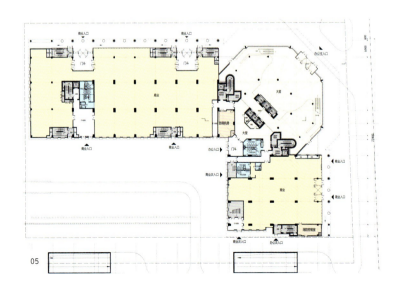

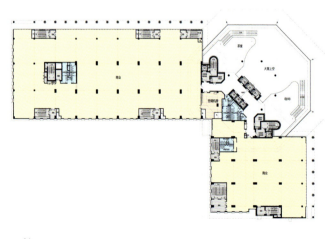

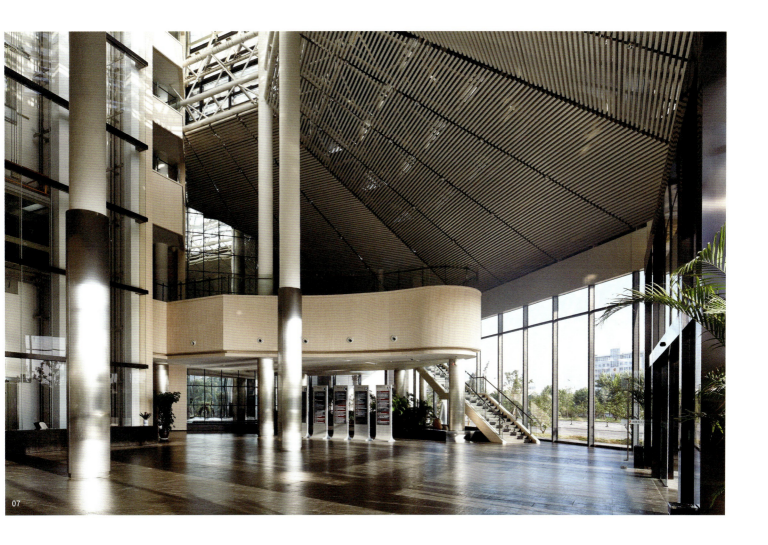

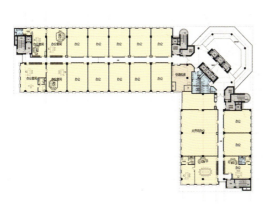

对页 04 东北角细部
　　 05 首层平面图
　　 06 二层平面图

本页 07 大堂细部
　　 08 标准层平面图
　　 09 室内中庭透视

通州区金融街园中园三期

二等奖 • 商务办公

建设地点 • 北京市通州区永顺镇
用地面积 • 4.06 hm²
建筑面积 • 6.48 万 m²
建筑高度 • 24.00 m
设计时间 • 2011.11 ~ 2012.02
建成时间 • 2012.11

位于北京通州新城西北部。本期为通州区永顺镇商业金融项目 B2 ~ B5 地块，包括 6 栋中型办公区、23 栋小型办公和 1 栋会所建筑。中型办公单体采用模数化平面设计，内部开敞式办公空间具有通用性，可支持多种灵活的租售方式。小型办公群组用建筑单体围合而成，其下设地下车库，并与办公地下一层相连；利用高差，在建筑一侧形成下沉庭院，获得更好的采光通风条件。

建筑形态简洁，园区内室外景观环境较好，组团公共空间层次丰富。利用周边自然资源和高差条件，保持原有生态环境，营造自然形态的景观绿化空间。小型办公针对特定使用需求，带有居住建筑的尺度风格。

设计总负责人 • 林 卫
项目经理 • 刘 均
建筑 • 林 卫　夏 宁　马 跃　李振涛　王云舒
结构 • 孙传波　郭圆圆　徐 东
设备 • 俞振乾　张 辉　张 磊
电气 • 穆晓霞　崔 仿　白喜录

对页　01　总平面图　　　本页　03　中型办公南立面细节
　　　02　总体南立面　　　　　04　中型办公首层平面图
　　　　　　　　　　　　　　　05　中型办公三至六层平面图

03

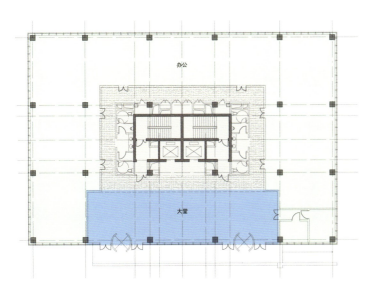

04

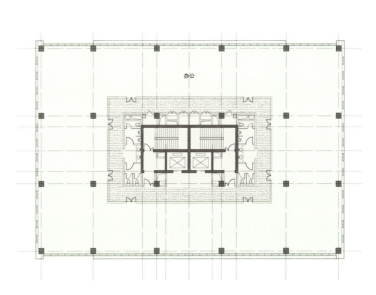

05

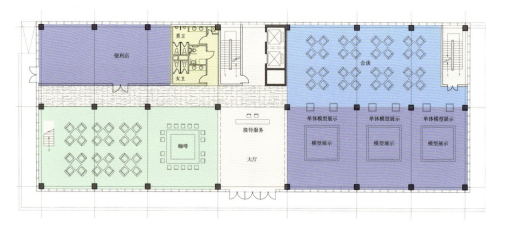

本页 06 小型办公组团西北侧
　　 07 会所首层平面图

对页 08 小型办公组团东南侧
　　 09 小型办公 A2-2 首层平面图
　　 10 小型办公 A3-2 首层平面图
　　 11 小型办公南立面

北京市委办公楼修缮改造

一等奖 • 政府办公

建设地点 • 北京市西城区台基厂路西侧
用地面积 • 2 hm²
建筑面积 • 7.69万 m²
建筑高度 • 39.50 m
设计时间 • 2010.10 ~ 2013.10
建成时间 • 2013.11

为原址改扩建，现状1号楼为赵冬日先生设计，简欧风格中融入中式元素。设计充分尊重原建筑文脉，注重与周围环境的协调，设计的基本理念是突出旧有建筑的纪念意义。设计保持原体量，沿街一侧基本沿用原有建筑布局，在东、南楼的轴线交汇点上增设会议楼。

在强调继承的同时，对内部功能给予了必要补充完善，同时把建筑形式进行了系统的整合，技术控制完成度高，设计表达清晰、细腻。

设计总负责人 • 金 洁
项目经理 • 周 霞 潘子凌
建筑 • 金 洁 朱小地 于 波 黄 舟
　　　宋媛媛 姜慧宇
结构 • 陈彬磊 黄中杰
设备 • 徐竑雷 柯加林 柴 庆
电气 • 任 红 董 艺 刘 燕
室内 • 臧文远 周 辉 朱兆楠
景观 • 陈 曦
灯光 • 郑见伟
经济 • 蒋夏涛

对页　01　总平面图　　本页　03　东南侧建筑转角
　　　02　西侧全景　　　　　04　拱门细部
　　　　　　　　　　　　　　05　东立面（有8号院围墙）

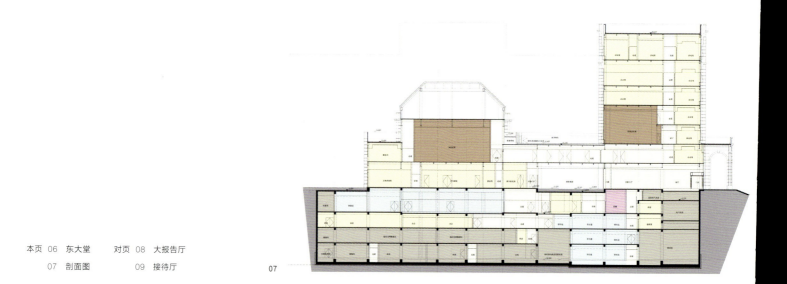

本页 06 东大堂　　对页 08 大报告厅
　　　07 剖面图　　　　09 接待厅

国家新闻出版总署办公楼

二等奖 • 政府办公

建设地点 • 北京市西城区宣武门内大街
用地面积 • 1.47 hm²
建筑面积 • 3.90 万 m²
建筑高度 • 63.50 m
设计时间 • 2004.07～2006.07
建成时间 • 2008.08

位于北京市宣武门外，为国家新闻出版广电总局的办公楼，含办公、会议、展示和配套服务设施（老干部活动中心、职工餐厅等）。建筑总体布局依地形设一幢正南北板式高层，拟与未来的开发项目在总体规划中成围合之势。

立面设计力求端重而又现代，南立面运用三片巨大的石板形成实体框架围合玻璃幕墙，虚实对比鲜明、整体性较强的形象，以体现政府机关的感知力和威严感。首层大堂南北通透，两层通高，两侧设置交通楼梯。幕墙中心的玻璃盒子意图以规律性的体块矩阵排列表达对印刷术的追忆，突出力量感和秩序感。

设计总负责人 • 解 钧
建筑 • 解 钧　耿大治　庞东娃
结构 • 李建国　盛 平　昌景和
设备 • 马 健　胡 宁　韩兆强
电气 • 沈 洁　汪 猛
经济 • 宋金辉　张砚玲

对页 01 总平面图　　本页 03 西南侧实景
　　　02 东南侧实景　　　　04 东南实景

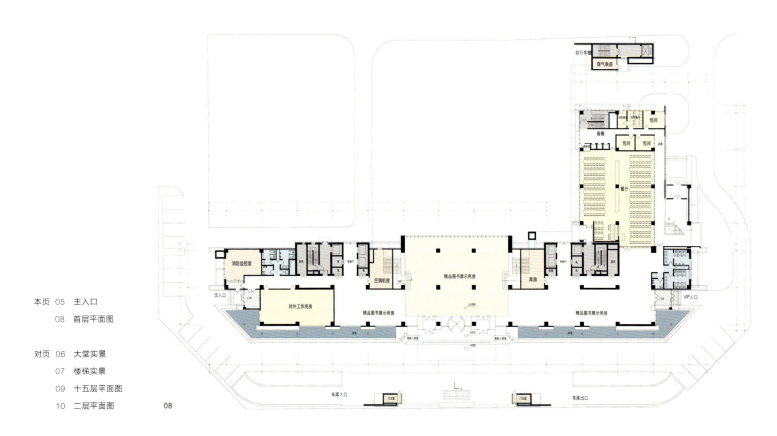

本页 05 主入口
08 首层平面图

对页 06 大堂实景
07 楼梯实景
09 十五层平面图
10 二层平面图

06

07

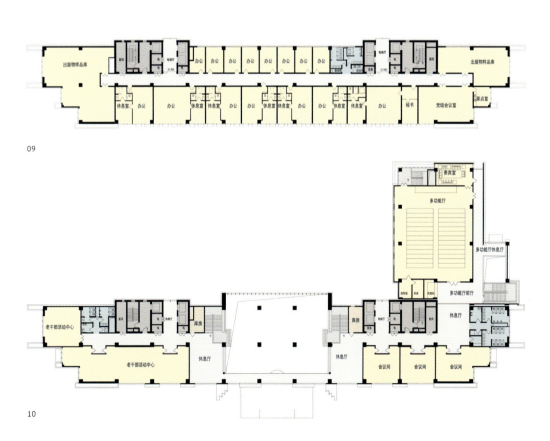

09

10

浙江新和成股份有限公司总部办公研发大厦

一等奖 • 总部办公

建设地点 • 浙江省新昌县塔山工业园新和成公司基地
用地面积 • 2.89 hm²
建筑面积 • 2.90万 m²
建筑高度 • 27.90 m
设计时间 • 2010.08～2011.02
建成时间 • 2013.04

重点解决总部办公建筑的使用性质与建筑规模较小的矛盾，重点解决多功能（办公楼、实验楼、餐厅和培训中心等）、小体块与狭长用地的矛盾。设计将分散的体量集中化，以"前场、建筑、后院"三个空间节点形成空间布局框架。"前场"开向城市次干道，保证人员出入安全，弱化对城市交通干扰，并展现现代企业总部的规模与气质；"建筑"本身则承载功能需求和组织交往空间；"后院"则作为工作人员活动及停车空间。

在设计中发现问题、解决问题的思路和方法值得赞赏，所呈现出的建筑和空间形态也如实表达出设计者的基本理念。建筑构图感强，空间层次丰富，对功能、形式、材料方面表现出较强的控制能力。工程中成熟地运用了清水混凝土的工艺。

设计总负责人 • 谢 强　吴剑利
项目经理 • 谢 强
建筑 • 谢 强　吴剑利　孙宝亮　李晓路
结构 • 王立新　崖 明　白 嘉
设备 • 王力刚　刘纯才
电气 • 张瑞松　孙 妍　孙晟浩
园林 • 张 果　刘 玉
经济 • 李 菁

对页	01	总部主入口景观	本页	03	北庭院空间
	02	总平面图		04	看向实验楼庭院空间

对页 05 空间的围合
06 空间的层次
07 独立体咖啡厅
08 办公楼立面构成

本页 09 弧形清水墙体

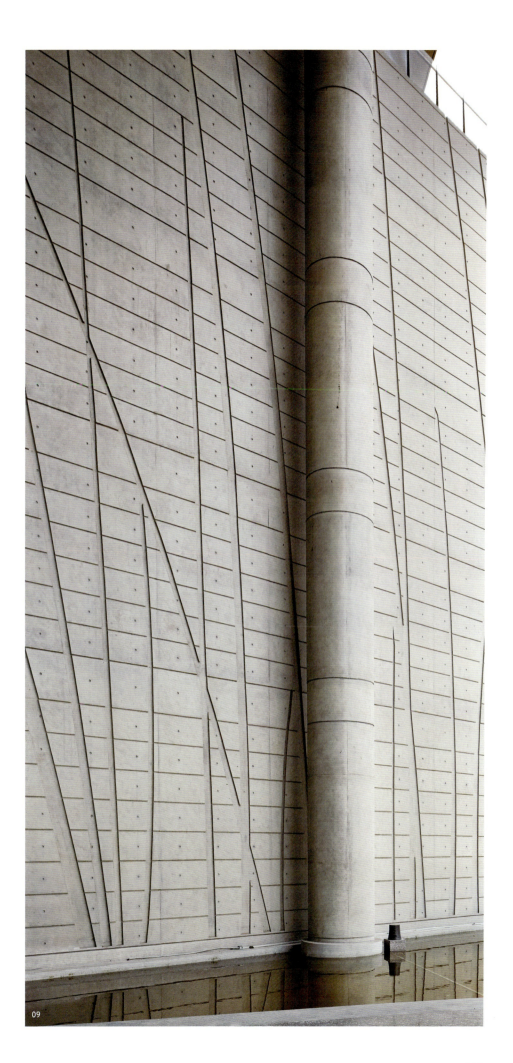

本页 10 报告厅内景
11 首层平面图

对页 12 二层平面图
13 三层平面图
14 五层平面图

12

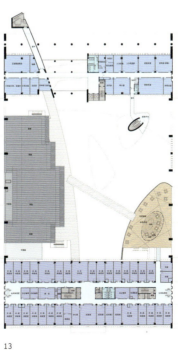
13

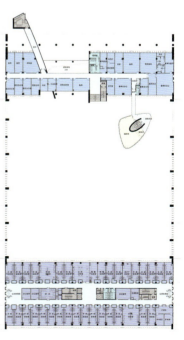
14

成都中国石油集团川庆钻探工程有限公司科研综合楼

二等奖 • 总部办公

建设地点 • 成都市成华区府青路一段三号
用地面积 • 1.88 hm²
建筑面积 • 5.70万 m²
建筑高度 • 100.00 m
设计时间 • 2008.12～2010.01
建成时间 • 2013.08

建筑总体布局以100m的高主楼居中，13.6m的高裙楼分列两侧，朝东方向设出入口广场。主楼虚实鲜明、线条挺拔，外立面设计响应内部功能需要，模数体系控制，强调竖向线条，由干挂石材竖挺与单元式玻璃幕墙组成。裙房运用红色系千思板幕墙，辅以不锈钢金属线槽，增加活泼现代的元素，与以庄重感为主的主楼形成强烈对比。

标准层平面布局方正，使用效率高，东西两条走道均直接对外采光通风，端部设开放交流场所。小进深办公平面，轻质隔墙，便于灵活划分。

设计总负责人 • 赵卫中　何获
项 目 经 理 • 赵卫中
建筑 • 赵卫中　何获
结构 • 王皖兵　郭洁　王皆欣　高顺
设备 • 刘燕华　陈盛　刘鹏　闫珺
电气 • 刘会彬　张曦　刘洁

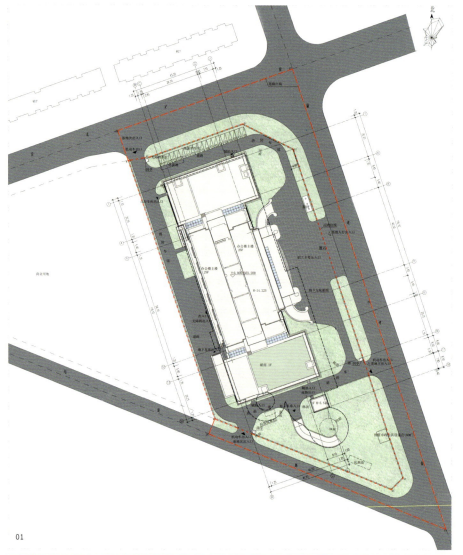
01

02

对页 01 总平面图　　本页 03 南立面鸟瞰
　　　02 鸟瞰实景

对页 04 东南角人视图

本页 05 二十一层平面图
06 三层平面图
07 首层平面图

05

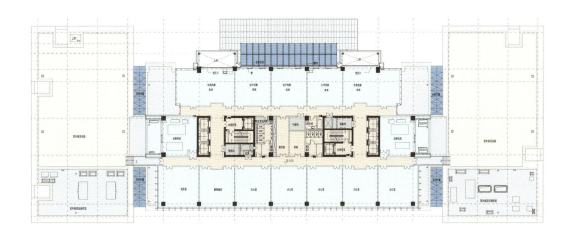

06

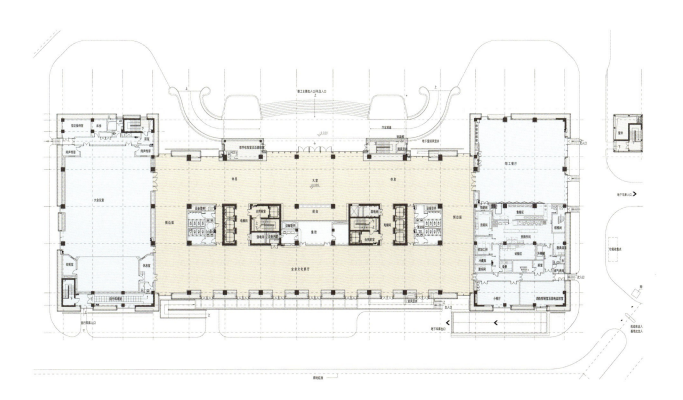

07

石家庄中银广场 A 座

二等奖 • 总部办公
金融办公

建设地点 • 河北省石家庄市桥东区自强路
用地面积 • 2.13 hm²
建筑面积 • 6.65 万 m²
建筑高度 • 142.75 m
设计时间 • 2009.01～2012.04
建成时间 • 2013.08

用地南北两侧临城市主干道，并在东侧有新规划的城市支路。合理规划交通流线，成为与建筑设计并重的设计要点。公共人行主入口设于用地北侧，并设置前广场，建筑的首层北侧设置自助银行。办公和服务人员入口设置在南侧背立面，不与顾客人流交叉。外部交通设计采取人车分流的方式进行外部交通组织。车流由用地东侧进入用地，大楼东西两侧分别设置两个地下车库出入口，一进一出。建筑形象朴实稳重，细部刻画严谨细致，性格鲜明，较好体现出建筑的特定风格。

设计总负责人 • 金卫钧 郭少山 杨勇
项目经理 • 金卫钧
建筑 • 金卫钧 郭少山 杨勇 周新超
结构 • 盛平 高昂
设备 • 陈晖 刘磊 刘双
电气 • 沈洁 李震宇
经济 • 窦文平 李琳琳

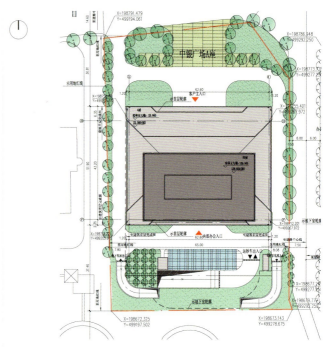

01

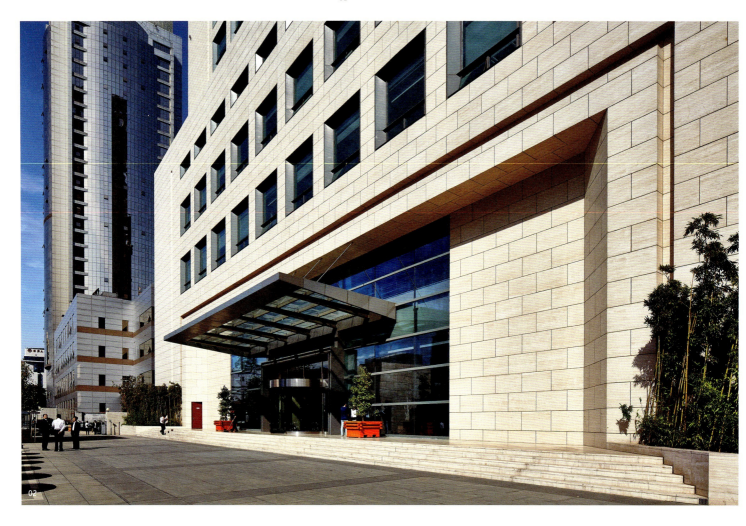

02

对页 01 总平面图
02 南侧主入口

本页 03 西北角外景

04

06

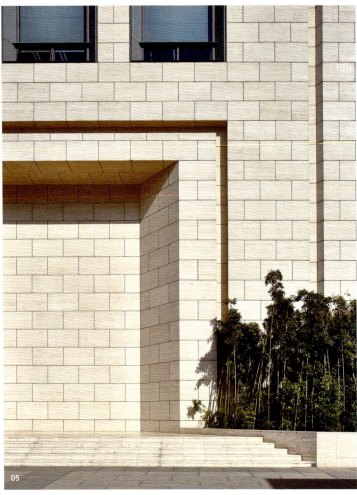
05

07

对页 04-05 南立面细部
06 大堂
07 剖面图

本页 08 五层平面图
09 二层平面图
10 首层平面图

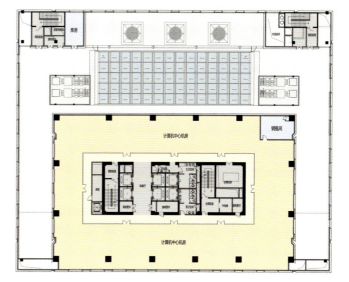
08

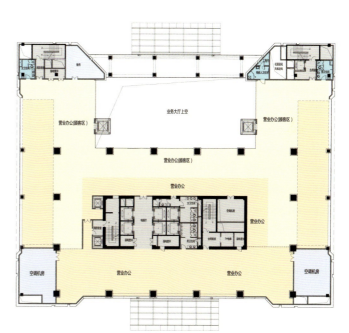
09

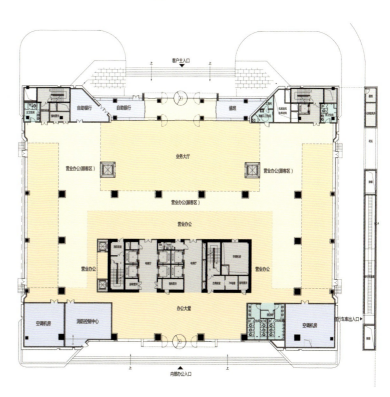
10

重庆中国石化集团四川维尼纶厂综合管理中心

二等奖 • 总部办公

建设地点 • 重庆市长寿镇化工园区
用地面积 • 0.86 hm²
建筑面积 • 2.54 万 m²
建筑高度 • 68.30 m
设计时间 • 2009.12～2010.08
建成时间 • 2012.08

位于重庆市长寿区维尼纶厂旧址厂区内，作为综合管理中心和厂办大楼使用，主要功能为办公、展览和会议等。基地周边为山地，办公楼主入口朝南，与厂区路之间形成了约 4700m² 的入口广场；西侧和北侧入口地坪比南侧高 5.2m，于二层设有独立入口，西侧与食堂用玻璃连廊连接。

办公楼采用简洁的矩形平面，核心筒置于北侧，设 6 部电梯，办公楼轴线进深 8.4m。人流量较多的会议室放在低层，办公人员安排在高层，可以俯瞰周边景色。立面设计简洁、理性，注重将功能和形式相统一；以石材开缝幕墙与玻璃幕墙为主要材料，虚实相间，以竖向线条体现建筑的挺拔形象，塑造现代企业办公的性格和文化内涵。建筑整体控制到位，对建筑性格的把握得当，功能设计较为深入，建筑表现处理适当有度。

设计总负责人 • 田 心
项目经理 • 田 心
建筑 • 田 心 王 征 林 红 李 玲
结构 • 李伟政 刘 荣 郑珍珍
设备 • 洪峰凯 赵彬彬
电气 • 张瑞松 孙 妍
室内 • 张 晋 周 晖 臧文远
经济 • 李 菁

对页 01 总平面图　　本页 03-04 立面细部
　　 02 南立面夜景　　　　 05 夜景人视
　　　　　　　　　　　　　 06 北立面夜景

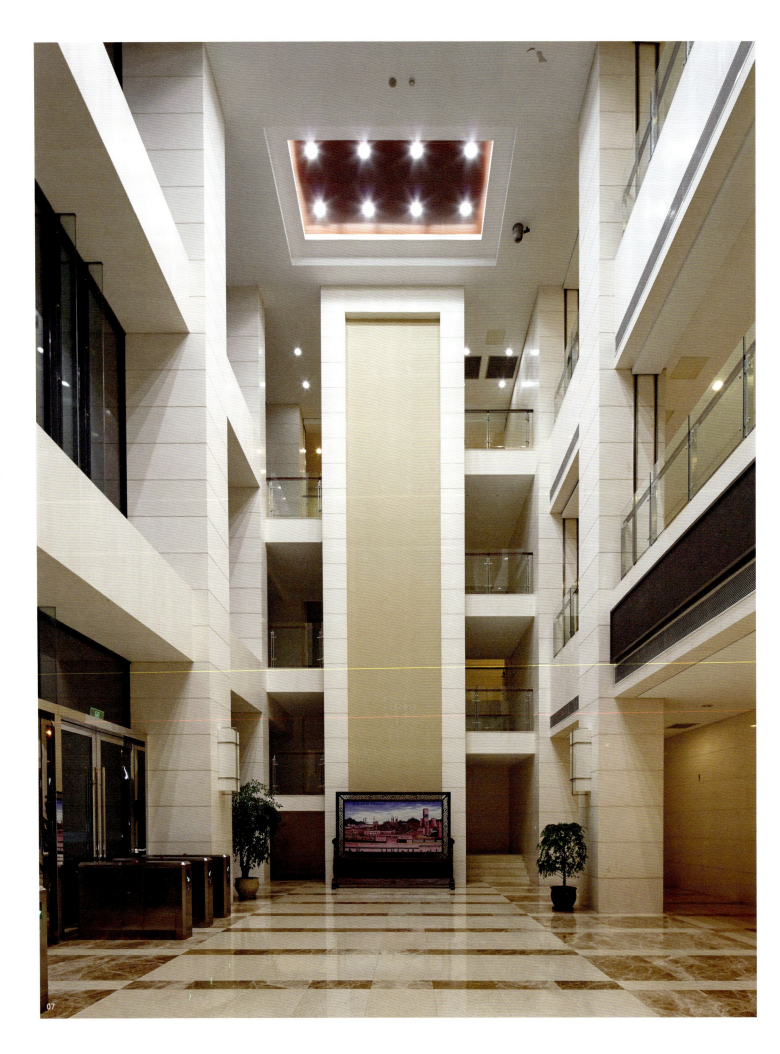

对页 07 大堂内景

本页 08 会议室内景　　11 十一层平面图
　　 09 二层平面图　　　12 三层平面图
　　 10 首层平面图

09

10

11

12

深圳宝安国际机场 T3 航站楼

一等奖 • 机场航站楼
建设地点 • 深圳市宝安区
用地面积 • 35.77 hm²
建筑面积 • 45.10万 m²
建筑高度 • 46.80 m
设计时间 • 2008.05～2012.02
建成时间 • 2013.06
合作设计 • FUKSAS建筑事务所（意大利）

航站楼南北向长度1km，东西向长度600m，由主楼中心区、东翼指廊区、西翼指廊区、中央指廊区、指廊中心区、十字北指廊、十字东指廊及十字西指廊等八个部分组成。设计比较圆满地完成这个功能极其复杂、体量巨大、技术难度高的建筑，体现了高超的技术控制能力和出色的建筑整合能力；并且，通过整体设计与高完成度的细节控制，也有助于建筑高品质的实现。

建筑体型如海洋生物，展现出鲜明的地域性特色。建筑由双层表皮系统包裹，以金属板与玻璃幕墙相结合的方式成了建筑主要的外部界面。建筑整体色调白色，金属材质与花纹玻璃相间，视觉冲击力极强。设计如此完美，堪称艺术与技术相融合的经典之作。

建筑空间随旅客流程展开，层次丰富。主楼大公共空间采用大跨度柱网，使中央空间上下贯穿；出发层指廊为连贯的无柱空间，起伏变幻的生态型建筑空间和蜂巢型设计母题以强烈的艺术表现力，赋予建筑鲜明的个性化形象特征。穿插运用的通透玻璃单元点缀其间，富有情趣，柔和了建筑的体量感，形成建筑与自然环境间的和谐过渡。

设计总负责人 • 马 泷　奚 悦　黄 河
项目经理 • 潘 旗
建筑 • 马 泷　奚 悦　黄 河　陈昱夫　刘 琮
　　　褚以平　吴 懿　栾 波　张金保
结构 • 王国庆　朱忠义　靳海卿　陈 清　束伟农
　　　秦 凯　徐宇鸣
设备 • 方 勇　金 巍　安 欣　贾洪涛　黄季宜
电气 • 杨明轲　范士兴　康 凯　阴 凯　山 珊
经济 • 张 鸰

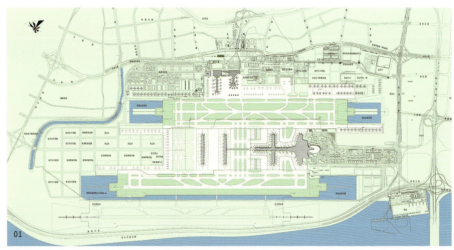

对页 01 环境关系图　　本页 04 登机桥机坪　　下一对页 06 主楼通高空间内景
　　02 出发车道边　　　　 05 机坪　　　　　　　　 07 值机大厅西侧内景
　　03 入口连桥　　　　　　　　　　　　　　　　　　08 安检区内景

上一对页	09	出发层垂直指廊内景	本页	13	到达层指廊中心区内景
	10	出发层指廊中心区内景		14	二层平面图
	11	出发层指廊端头内景		15	首层平面图
				16	三层平面图
对页	12	到达层走道内景		17	四层平面图

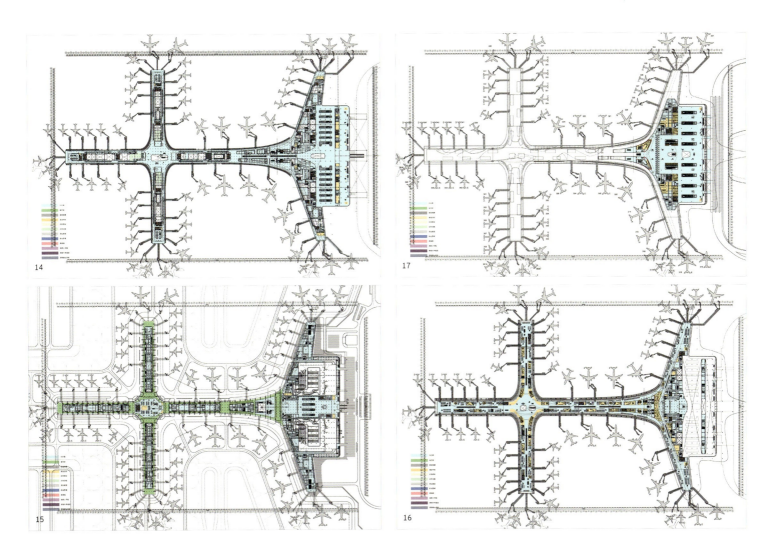

天津至秦皇岛客运专线唐山站

二等奖 • 铁路客运站
建设地点 • 河北省唐山市
用地面积 • 12.51 hm²
建筑面积 • 12.90万 m²
建筑高度 • 33.00 m
设计时间 • 2009.06~2011.05
建成时间 • 2013.08

为跨线式高架站型，站房规模约6万m²，雨篷总面积约7万m²，东西长249.3m，南北宽162m；东侧为普速站场，西侧为高速站场。8条保留站线，8条新铺站线，共有正线4条，中间站台5座。在客站设计的同时，完成了站前东西广场的规划。

设计的难点和重点是针对站房内外装修、机电、信息、标识、广告、客服及商服等多系统的协同管控。为此，以模数化设计作为整合各专业的有效手段，对楼面铺装、墙面干挂、吊顶、门窗洞口、幕墙、标识及各类设施设备实现完成面控制和多层次协同，提高了设计完成度。

车站设计的功能性和技术性要求很高。总体把控到位，建筑表现简洁有力，交通建筑特性鲜明。全专业技术整合的一体化设计理念和方法值得推荐。

设计总负责人 • 陈 华　刘海平　刘 淼
项目经理 • 丁明达
建筑 • 丁明达　陈 华　刘海平　刘 淼
　　　张 伟　孙 静　张竟一
结构 • 于东晖　鲁广庆　毕大勇
设备 • 于永明　陈 蕾　杨 旭
电气 • 周有娣　任 重

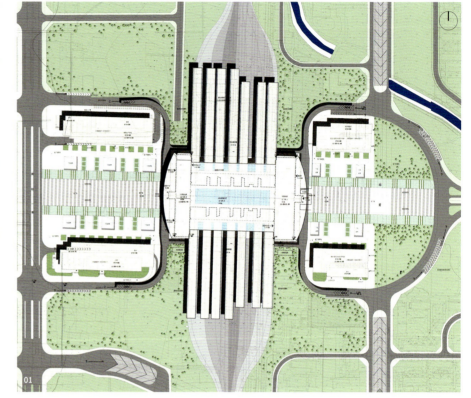

对页 01 总平面图　　本页 03 东站房檐口
　　　02 鸟瞰　　　　　　　04 东站房东北

05

06

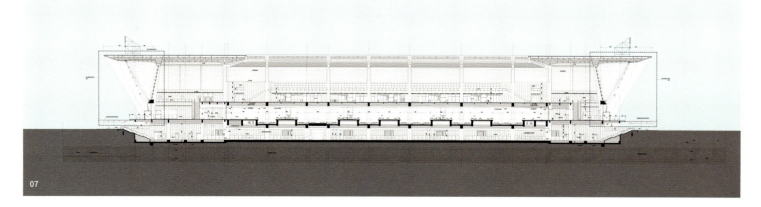
07

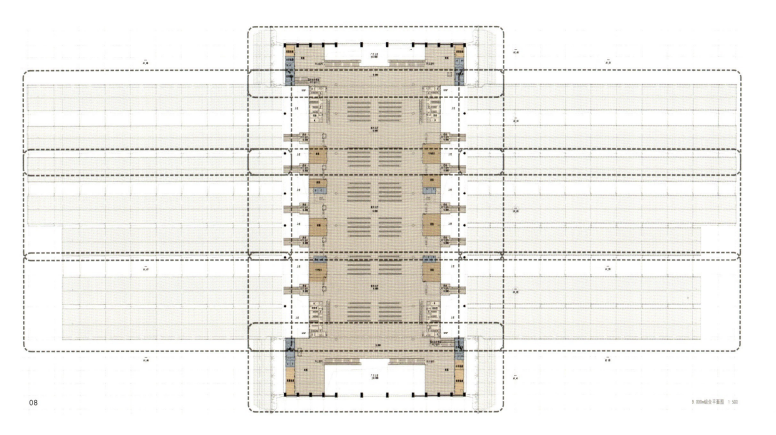

对页	05	候车厅全景	本页	08	9.000m 组合平面图
	06	站台		09	0.000m 组合平面图
	07	站房 3-3 剖面图			

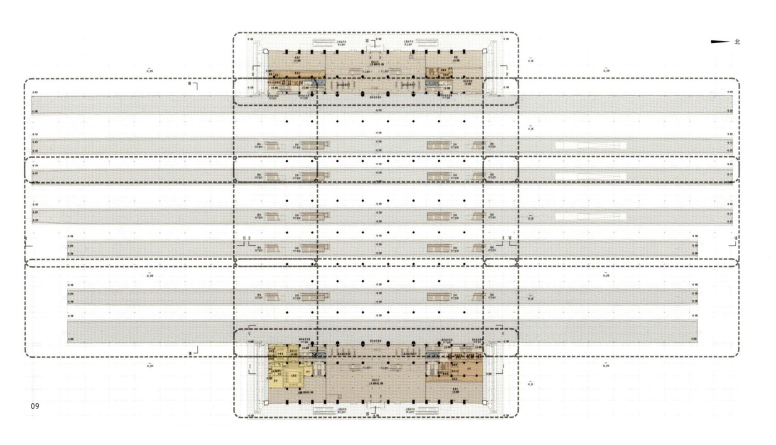

钓鱼台国宾馆会议中心（芳华苑）及室内设计

一等奖 • 会议中心 室内设计	建设地点 • 北京市西城区三里河东路	建筑高度 • 23.65 m
	用地面积 • 1.9 hm²	设计时间 • 2009.09～2013.06
	建筑面积 • 2.28万 m²	建成时间 • 2013.12

位于北京钓鱼台国宾馆的东南角，拥有集历史人文和优美景观于一体的绝佳环境。结合建筑功能特点，形成"隆重、大气、高贵、典雅"的新中式设计风格。建筑外形端庄大气，与环境有很好的融合。恰当的尺度处理及对材质、色彩、细节的深入刻画，使建筑沉稳而不失现代、含蓄中彰显品质。

室内装修设计契合了特定建筑类型的特定风格，将古典风格、传统纹饰加入时尚元素，使得建筑空间在传统中体现出时代感。

设计总负责人 • 徐全胜　马泷　奚悦　张郁
项目经理 • 张帆　岳光
建筑 • 徐全胜　马泷　奚悦　张郁
　　　吴懿　刘小飞
结构 • 范强　郭晨喜
设备 • 张铁辉　牛满坡
电气 • 孙成群　郭芳
经济 • 张鸰
室内 • 臧文远　张晋　徐晓艳　王芳
　　　李刚　朱兆楠　江科　桂永年

对页 01 总平面图　　本页 03 VIP入口
　　 02 西立面全景　　　　 04 主入口

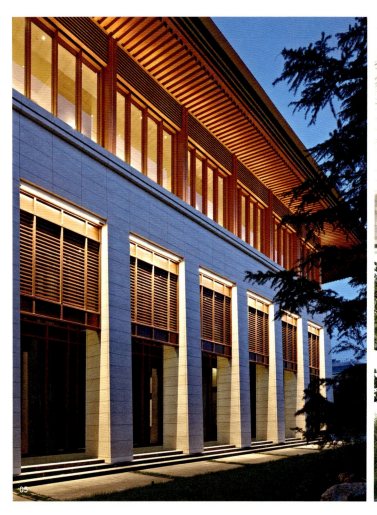

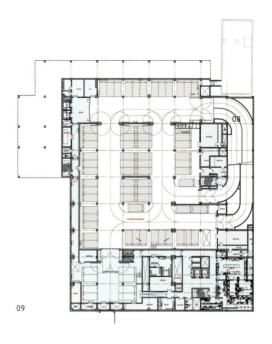

09

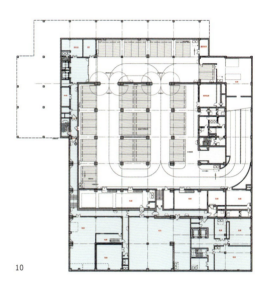

10

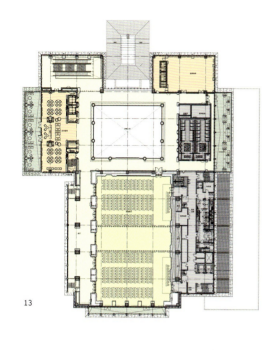

13

12

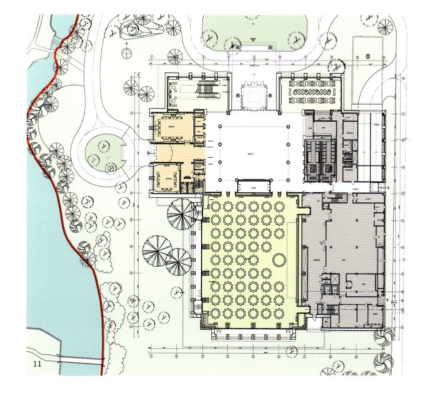

11

对页 05 大宴会厅室外夜景
06 大宴会厅室外日景局部
07 北立面日景
08 西立面

本页 09 地下一层平面图
10 地下二层平面图
11 首层平面图
12 夹层平面图
13 二层平面图

14

15

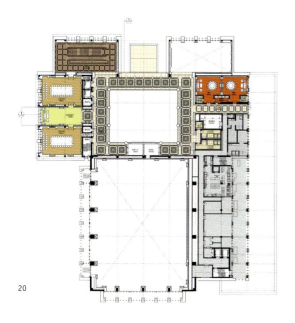

20

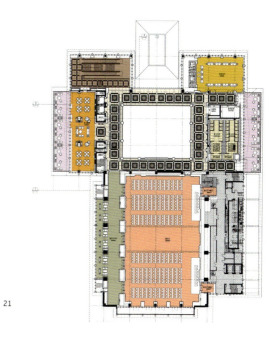

21

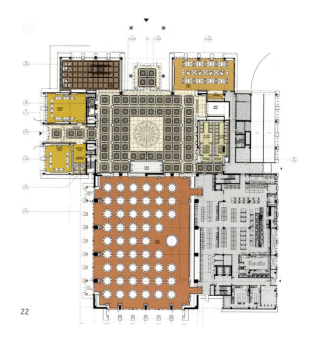

22

上一对页 14 报告厅全景
　　　　15 多功能厅
　　　　16 大堂吧内景

对页 17 大堂视点
　　　18 二层环廊视点
　　　19 二层环廊栏杆细部

本页 20 夹层平面图（室内设计）
　　　21 二层平面图（室内设计）
　　　22 首层平面图（室内设计）
　　　23 休息厅
　　　24 贵宾厅

23

24

085

神华技术创新基地

一等奖 · 职业教育

建设地点 · 北京市昌平区未来科技城
用地面积 · 41.65 hm²
建筑面积 · 11.30万 m²
建筑高度 · 13～65 m
设计时间 · 2009.05～2011.10
建成时间 · 2014.01

位于北京市昌平区未来科技城。南地块为教学、会议用房及餐厅；北地块为宿舍区和配套区；东地块单体为图书馆和网络中心等。设计根据用地条件合理布置多功能的单体建筑形成组群，使这些单体建筑即划分清晰又联系便利。

设计理性地利用成熟技术，对空间尺度的控制适度。立面及造型强调用地内建筑群的整体性，充分考虑与周边现有建筑的协调。全专业系统整合性较好，设计完成度较高。

设计总负责人 · 叶依谦　刘卫纲
项目经理 · 叶依谦
建筑 · 叶依谦　刘卫纲　陈震宇　高雁方
结构 · 陈彬磊　李志武　张　曼
设备 · 安丽娟　刘　沛　赵　煜
电气 · 裴　雷　夏子言　韩京京
经济 · 蒋夏涛　张　菊

01

02

对页 01 总平面图　　本页 03 南侧全景
　　 02 西南全景　　　　 04 教学会议区

本页 05 201 西南全景
06 305 南侧主入口
07 303 南侧局部
08 305 南侧全景

对页 09 302 大堂内景

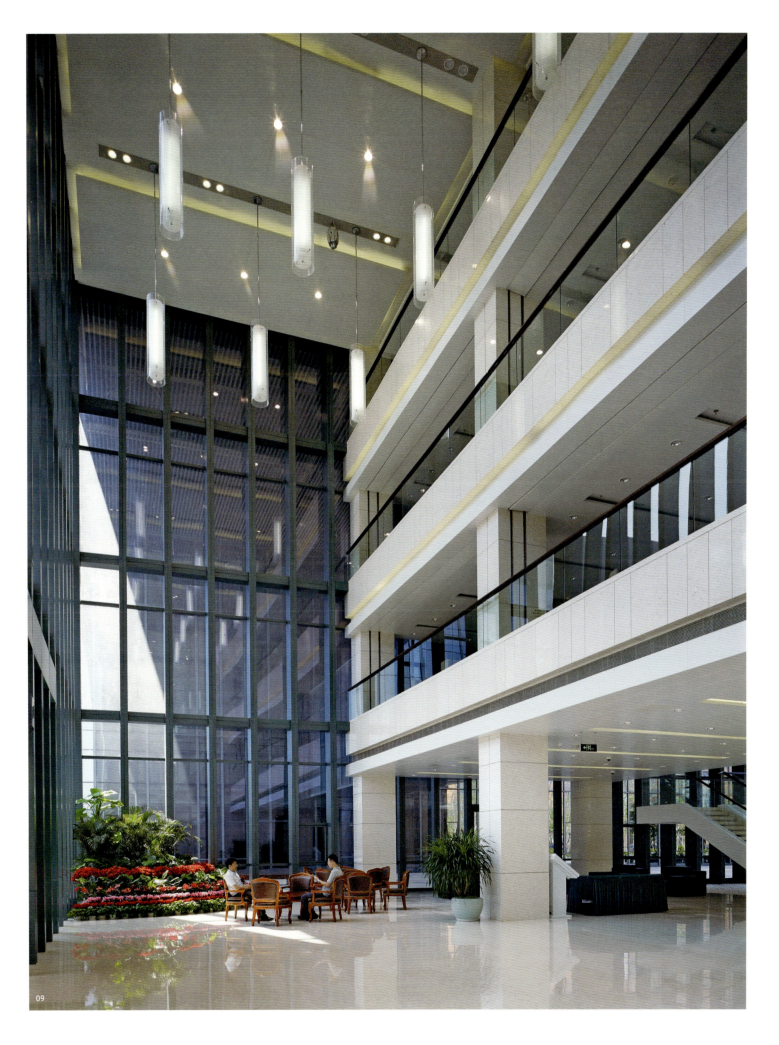

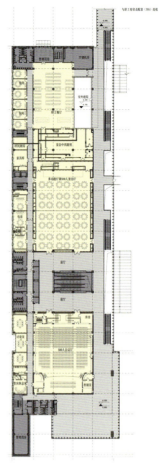

10

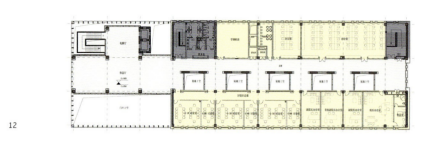

12

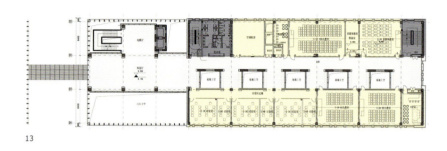

13

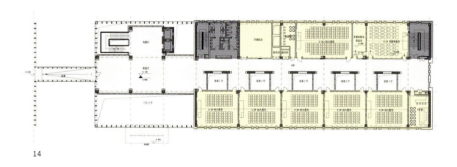

14

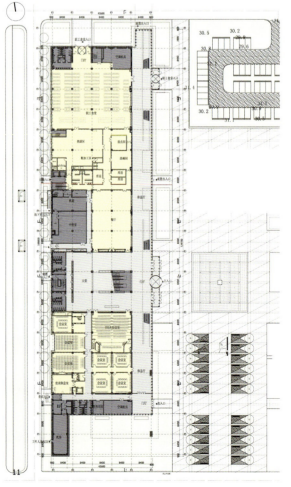

11

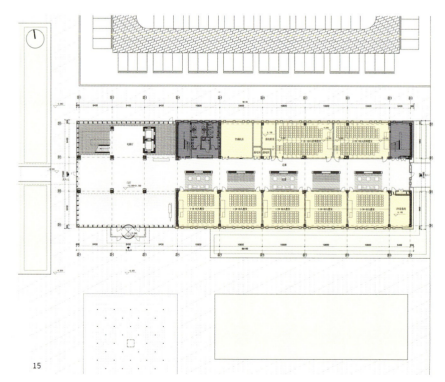

15

对页 10 301 二层平面图
11 301 首层平面图
12 302 四层平面图
13 302 三层平面图
14 302 二层平面图
15 302 首层平面图

本页 16 303 首层平面图
17 305 首层平面图
18 201 首层平面图

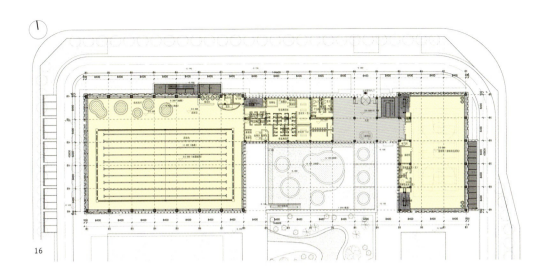
16

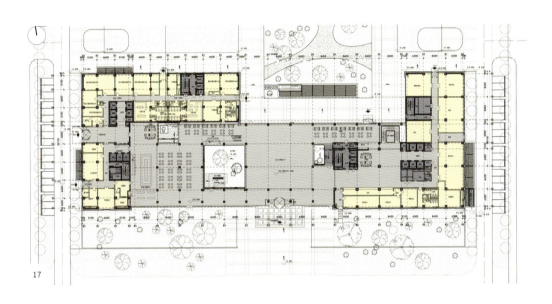
17

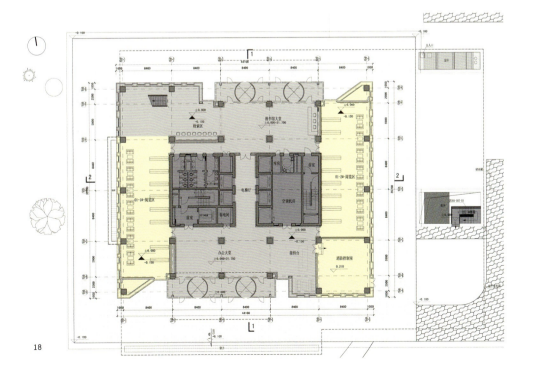
18

乐成国际学校幼儿园

一等奖 • 托幼

建设地点 • 北京市朝阳区东柏街 11 号
用地面积 • 1.28 hm²
建筑面积 • 2.01 万 m²
建筑高度 • 18.00 m
设计时间 • 2011.07～2013.10
建成时间 • 2013.12
合作设计 • W&B 建筑设计有限公司（美国）

为 17 班日托幼儿园。建筑用地紧张，南北东三部分围合，面向西侧城市道路和绿地设半开放的庭院。南楼复合体育馆、展示、剧场、大堂、图书馆等多种功能。北楼为教室、办公及家长公共活动区。设计充分利用有限的建设场地营造丰富的活动空间；立面轻松、活泼；室内空间强调连贯性，以适应使用方的管理模式。

南楼西低东高，屋顶设有台地式花园。造型强调流畅感及室外景观的无缝化结合，将室外庭院与屋顶平台自然衔接，尽可能扩大露天活动场地。外饰面为涂料、面砖，结合 U 型玻璃及金属板幕墙，利用明快的色彩突显幼儿园的特点。

设计总负责人 • 刘 蓬　王轶楠
项目经理 • 陈彬磊
建筑 • 刘 蓬　王轶楠　王雅雅　孟 璐
　　　　周轲婧　杨亚中
结构 • 江 洋　贺 阳　李 蕊　马 凯
设备 • 田进冬　范 蕊　张丽娟
电气 • 刘 青　贾云超

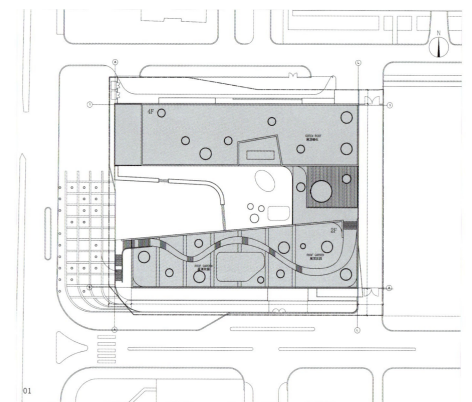

01

02

对页 01 总平面图　　本页 03 南翼鸟瞰
　　 02 鸟瞰效果　　　　 04 西立面
　　　　　　　　　　　　 05 南立面局部

07

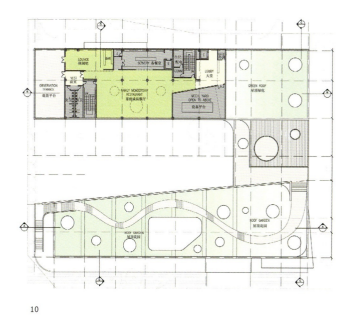
10

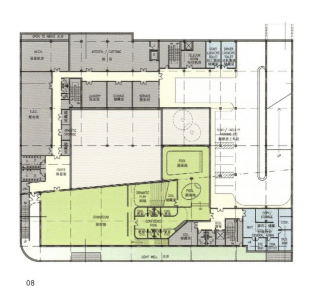
08

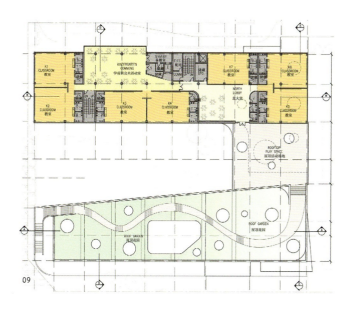
09

对页 06 西立面局部

本页 07 首层平面图
08 地下一层平面图
09 三层平面图
10 四层平面图
11 内庭院

11

对页 12 大堂
    13 活动室

本页 14 幼儿园教室
    15 午餐区餐台

北京爱慕内衣生产厂房

一等奖 • 工业建筑

建设地点 • 北京市顺义区马坡聚源工业区
用地面积 • 6.22 hm²
建筑面积 • 5.30万 m²
建筑高度 • 25.20 m
设计时间 • 2009.12 ~ 2010.11
建成时间 • 2013.09

包括生产线、物流中心、储藏区、科研开发、办公及展示的时尚集合体，展现创新型企业的形象和个性。

设计打破传统厂房的建筑模式，创造了富于设计感和趣味性的室内空间和外部环境。多种功能空间的建筑整合，统一处理的表皮使建筑具有完整感，对材料、细节的把握赋予建筑鲜明的个性化特征。室内设计是建筑设计的延续，表达出时尚、趣味、清新明快的个性，响应了特定建筑类型、特定功能的多层次需求。

设计总负责人 • 蓝冰可　侯新元
项目经理 • 董灏
建筑 • 蓝冰可　侯新元　林卫　马跃
结构 • 周狄青
设备 • 刘均
电气 • 白喜录

1. 内院景观　3. 停车与休闲区　5. 服务与功能区
2. 员工娱乐区　4. 广场与入口区

01

对页 01 总平面图　下一对页 04 建筑内街平台日景
　　　　　　　　　　　05 建筑内街日景
本页 02-03 西立面　　　06 建筑内街夜景

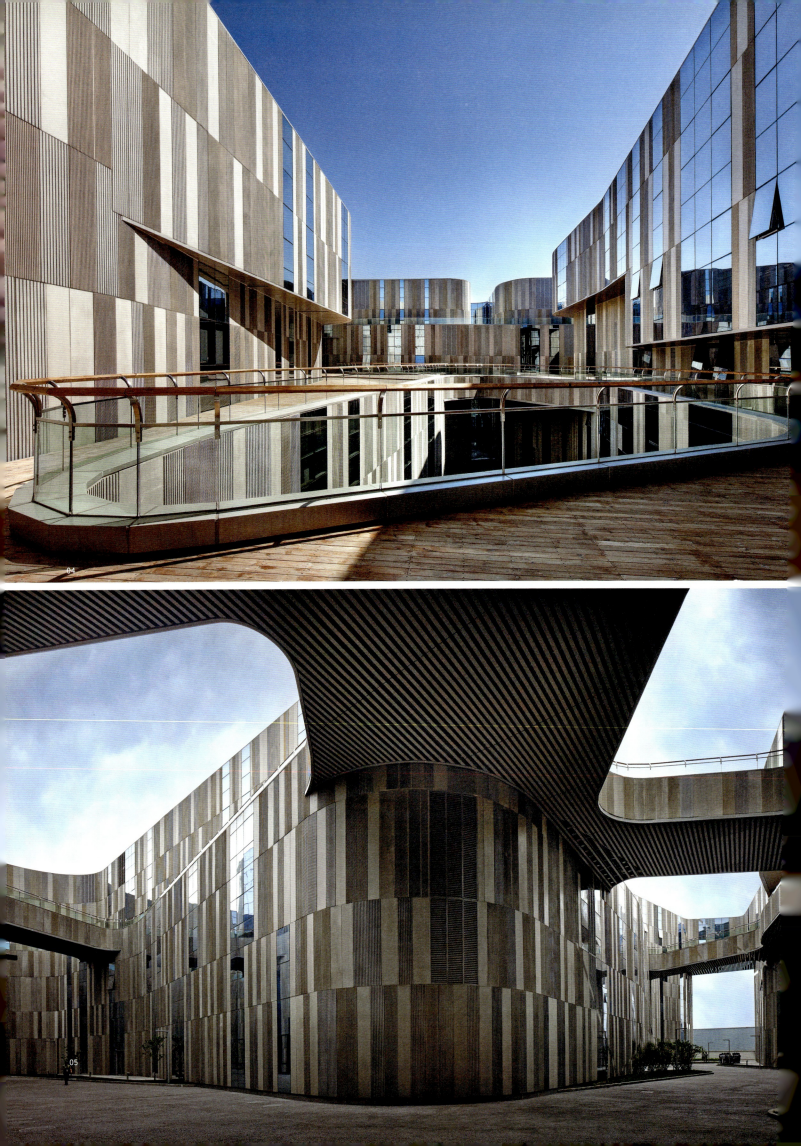

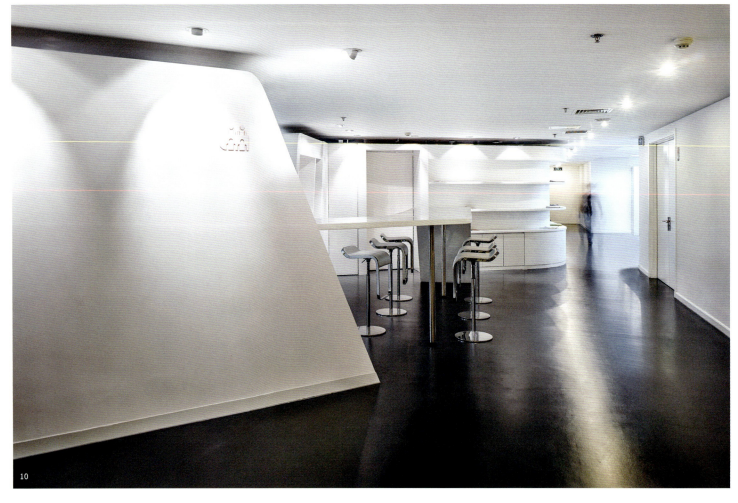

对页 07 室内大堂局部
08 室内大堂
09 会议区走廊
10 室内走廊日景

本页 11-12 室内走廊日景
13 三层平面图
14 首层平面图
15 四层平面图
16 五层平面图

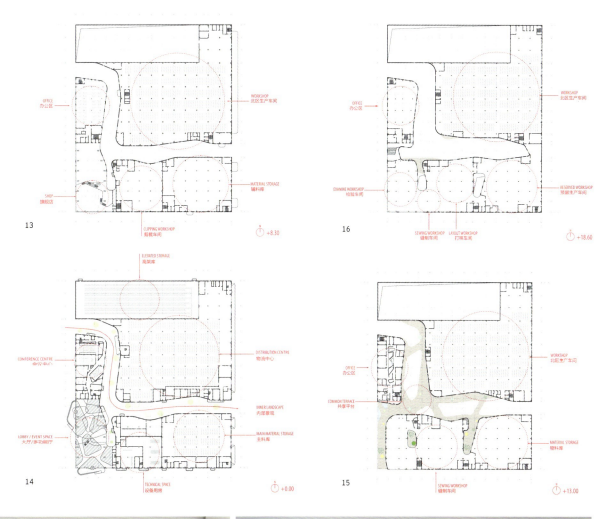

嘉铭中心酒店

一等奖 • 商务酒店	建设地点 • 北京市朝阳区东三环中路	设计时间 • 2008.05～2012.08
	用地面积 • 2.37 hm²	建成时间 • 2012.08
	建筑面积 • 5.50万 m²	合作设计 • MAD建筑师事务所
	建筑高度 • 100.00 m	美达麦斯国际建筑咨询公司

作为高级城市商务酒店，位于北京市东三环中路白家庄西里，顺城市道路转角，成弧形平面布局，标准客房开间6000mm，局部根据建筑体型的变化调整柱网。建筑强调东侧立面对城市的展示度，造型突出地标性和人性化，强调以细腻精致的细节丰富建筑肌理。

由于场地条件的局限，在协调处理各种功能流线关系的同时，为避免建筑体量对城市的压迫感，建筑低层收进，高层挑出，上下呈曲线形过渡。不规则变化的立面外窗与方格网立面肌理自然衔接，同时与内部功能取得好的呼应。建筑形式的表现符合功能逻辑，也赋予建筑独有的风格和魅力。

设计总负责人 • 王宇石　梁燕妮
项目经理 • 杜松
建筑 • 王宇石　梁燕妮　肖俊杰
结构 • 王立新　李琦
设备 • 段钧　郭莉　周小虹　马月红　章宇峰
电气 • 刘倩　张安明　孙妍　张争

对页　01　总平面图　　本页　04-06　幕墙细部
　　　02　东南角全景　　　　　07　东南角全景
　　　03　东北角全景

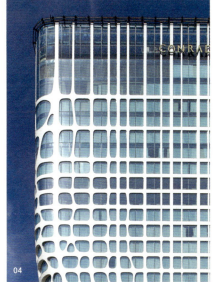

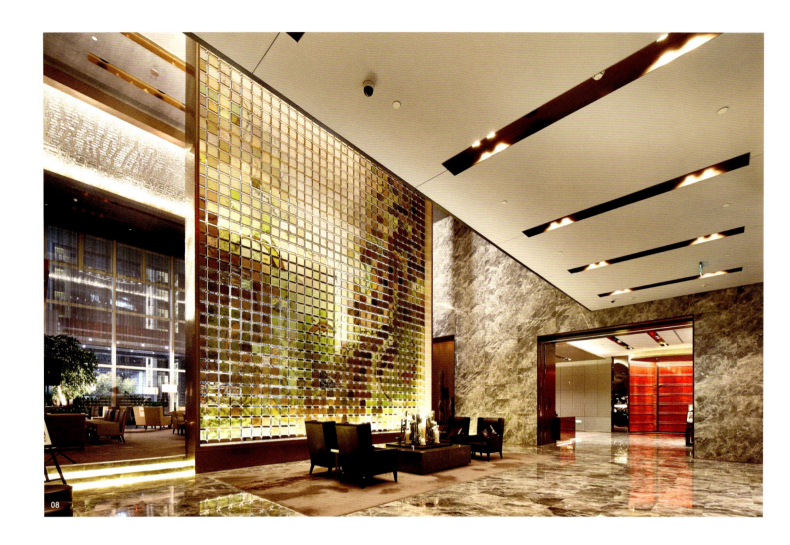

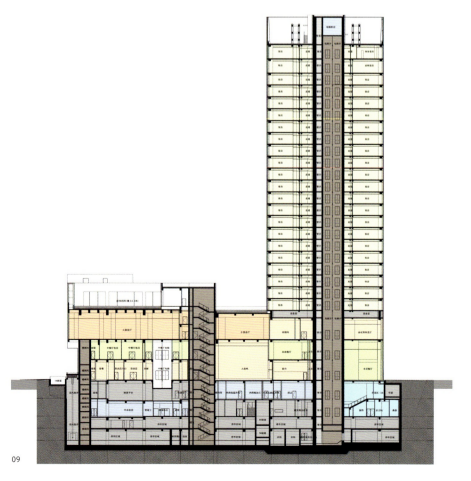

本页　08　大堂内景
　　　09　剖面图

对页　10　大堂吧

下一对页　11　客房走廊
　　　　　12　标准客房
　　　　　13　豪华客房
　　　　　14　游泳池内景
　　　　　15　西餐厅局部
　　　　　16　二层平面图
　　　　　17　首层平面图
　　　　　18　三层平面图
　　　　　19　五层平面图

16

19

17

18

白俄罗斯明斯克北京饭店

一等奖 • 商务酒店

建设地点 • 白俄罗斯列宁行政区
用地面积 • 4.3 hm²
建筑面积 • 3.29 万 m²
建筑高度 • 31.10 m
设计时间 • 2011.12～2012.05
建成时间 • 2014.03

位于白俄罗斯首都明斯克。为减少对生态环境的破坏，建筑集中布局于树木较少的区域，采用中式传统院落的"围合"形式，临路一面内敛，临水一侧开放。客房及主要功能用房均面向树林及水面，以充分利用景观优势。以传统中式建筑的坡屋顶、白墙、灰瓦作为主要元素，在展现中国传统文化的同时表达对地域文化的尊重，契合当地喜爱白色的民族传统。立面简约，采用大实大虚的体量关系，并辅以相当的细节表达，风格鲜明，效果强烈。

设计总负责人 • 解 钧
项目经理 • 金卫钧
建筑 • 金卫钧 唐 佳 解 钧 魏长才
　　　白文娟 田卓勋 谢一忱
结构 • 李志东 王 轶 赵 明 张沫洵
设备 • 蒙小晶 曾 源
电气 • 王 权 吴 飞 陆 皓

对页 01 总平面图　　本页 03 酒店东向入口
　　 02 酒店西向全景　　　 04 酒店入口局部
　　　　　　　　　　　　　 05 酒店局部

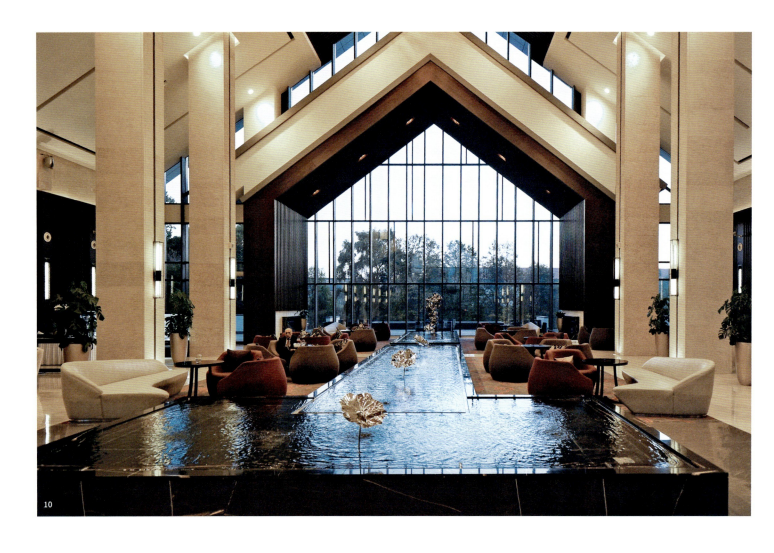

上一对页	06	建筑东北角外观	本页	10	酒店大堂	对页	14	四层平面图
	07-08	建筑西向外观		11	宴会厅		15	二层平面图
	09	建筑西南角外观		12-13	客房		16	首层平面图

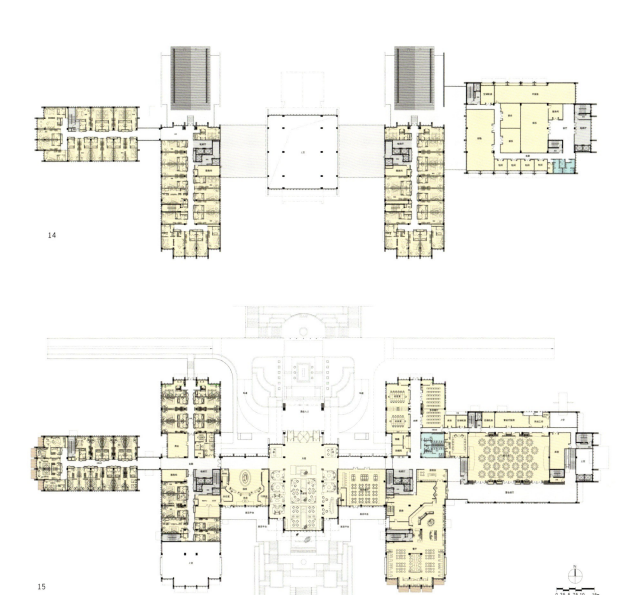

14

15

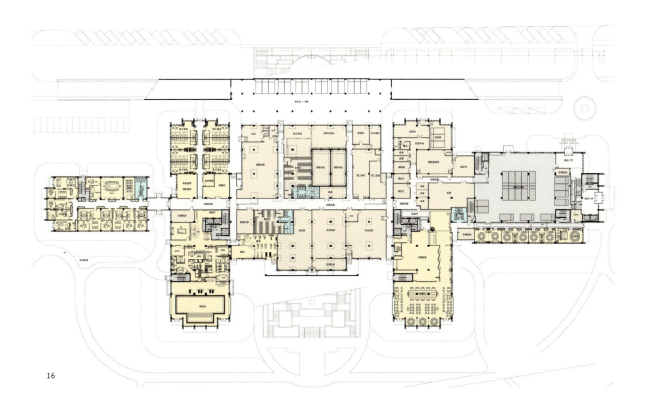

16

北京妫河建筑创意区接待中心

一等奖 • 商务酒店

建设地点 • 北京延庆县妫河北岸
用地面积 • 0.3 hm²
建筑面积 • 0.38 万 m²
建筑高度 • 9.82 m
设计时间 • 2010.05 – 2013.03
建成时间 • 2013.09

为妫河创意区的首个开发项目，主要功能为接待、展示、办公、餐饮和住宿。设计团队完成从规划、城市设计到建筑单体和室内精装的全程设计。采用数字化手段，实现客房单元的标准化、上下结构搭接的简单化和形体的丰富性。设计理念富有创意，手法简洁，建筑性格清新愉悦，并与环境有较好契合。

设计满足了展示接待的大空间功能需求，同时保持形式上的小尺度。将原本地面上的"村宅"提升到 +5m 标高，其下获得了开敞、完整的展示、接待空间。+5m 成为建筑上下两部分不同材质和手法的分界线：下部采用玻璃和金属等轻透材料；上部采用陶土砖厚重材料。以通透的首层托起二层错落的客房，形成"漂浮村落"的意向，表现水畔建筑小尺度特征，延续规划设计中"簇群式"功能组合和随机、隐秘、非线性、网络化等创意空间独有的不确定性。

设计总负责人 • 李 淦
项目经理 • 李 淦
建筑 • 李 淦　刘鹏飞　吕 娟
结构 • 耿海霞　王家林　李 婷　陈彬磊
设备 • 郑克白　伍 晨　孙明利　刘 强　刘子贺
电气 • 逢 京
经济 • 李 菁

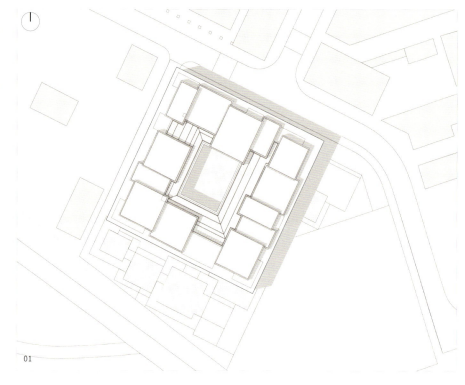
01

02

对页 01 总平面图　　本页 03 东侧夜景
　　 02 夜景　　　　　　04 建筑外观

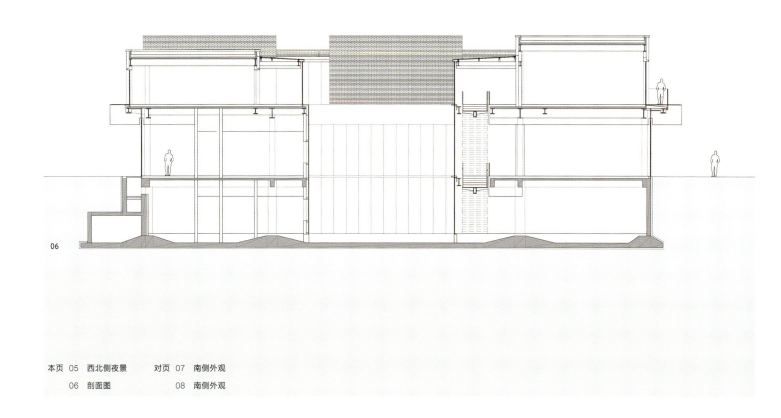

本页 05 西北侧夜景　　对页 07 南侧外观
　　 06 剖面图　　　　　　 08 南侧外观

本页 09 大堂　　　对页 10 主楼梯　　　12 客房套间
　　　13 首层平面图　　　11 洽谈室　　　14 二层平面图

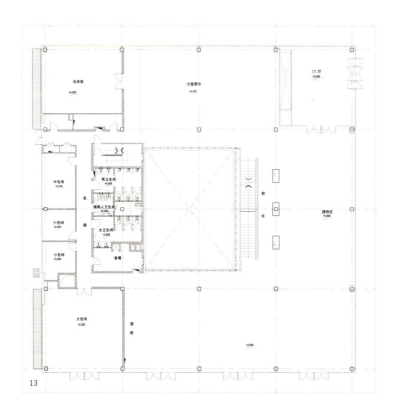

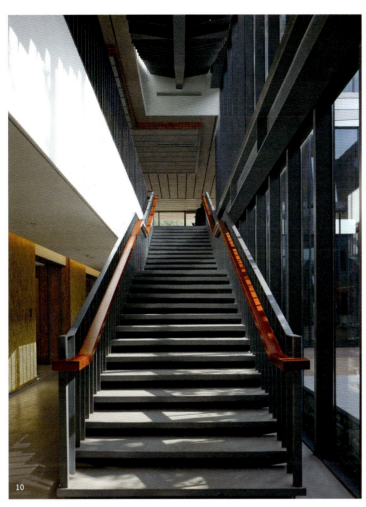

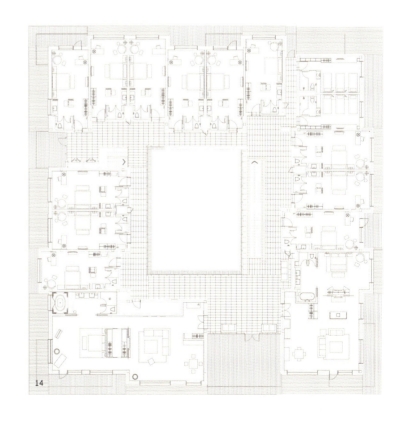

北戴河华贸喜来登酒店

二等奖 · 商务酒店

建设地点 • 河北省秦皇岛市北戴河
用地面积 • 3.07 hm²
建筑面积 • 5.85万 m²
建筑高度 • 32.50 m

设计时间 • 2009.12～2011.09
建成时间 • 2013.06
合作设计 • VOA建筑师事务所（美国）

位于北戴河旅游景区和城市中心区中间位置，用地呈三角形，由酒店、公寓楼及多功能厅三部分组成。酒店位于南侧，以服务旅游度假和商务会议为主。北侧为公寓，便于使用及管理。两者均采用内折线形板楼，尽量延长建筑沿街方向的视觉长度，形成完整的城市界面，客房、公寓亦可拥有较好的景观朝向。中间裙房部分为宴会厅，屋顶设绿化花园。屋顶退台设计在削弱了整体体量感的同时丰富了屋顶花园的层次。

设计总负责人 • 侯新元
项目经理 • 林 卫
建筑 • 侯新元　夏 宁　李 翔　张雪轶
结构 • 徐 东　高 金　袁美玲
设备 • 张 辉　俞振乾　刘 征　吴佳彦　王 芳
电气 • 王瑞英　郭金超

对页　01　总平面图　　　本页　03　酒店夜景
　　　02　酒店入口夜景　　　　　04　酒店入口
　　　　　　　　　　　　　　　　05　内院

本页 06 酒店大堂内景
　　 10 首层平面图

对页 07 宴会厅前厅
　　 08 客房走廊内景
　　 09 客房内景
　　 11 二层平面图

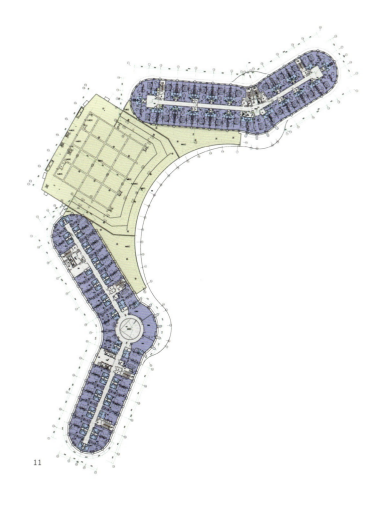

昆明长水国际机场旅客过夜用房

二等奖 • 商务酒店

建设地点 • 昆明市官渡区大板桥镇
用地面积 • 2.73 hm²
建筑面积 • 4.92万 m²
建筑高度 • 40.00 m
设计时间 • 2010.10～2011.07
建成时间 • 2013.08

为机场提供配套的旅客住宿服务功能，用地东北方为机场航站楼。建筑平面为连续的弧线，由西到东逐渐降低，以与航站楼形成良好的曲线对比、互视关系。

立面结合遮阳等节能措施形成云纹形条状洞口，强调建筑舒展的水平线条。建筑主体色彩为白色，将多种色彩运用于主楼铝板隔墙上，沿水平方向形成色彩渐变，以体现"七彩云南"的地域特色。柔和的曲线造型及退台式平面，响应了机场这一特定区域环境的总体要求，突出了航站楼的主体地位，在形式上也较好呼应了航站楼的动态感。

设计总负责人 • 王晓群　陈文青
项目经理 • 董建中
建筑 • 王晓群　陈文青　刘阳　侯凡
结构 • 吴中群　齐微
设备 • 穆阳　赵迪
电气 • 赵伟　宴庆模
经济 • 张鸰　高洪明

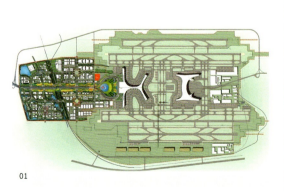

对页 01 环境关系　　本页 04 南侧夜景
　　 02 总平面图　　　　 05 北侧全景
　　 03 东南侧局部

04 南侧夜景

05 北侧全景

本页 06 东南侧局部　　对页 08 室内大堂全景
　　 07 东北侧细部　　　　 09 室内商业
　　 11 首层平面图　　　　 10 多功能厅内景
　　　　　　　　　　　　　 12 二层平面图
　　　　　　　　　　　　　 13 九层平面图

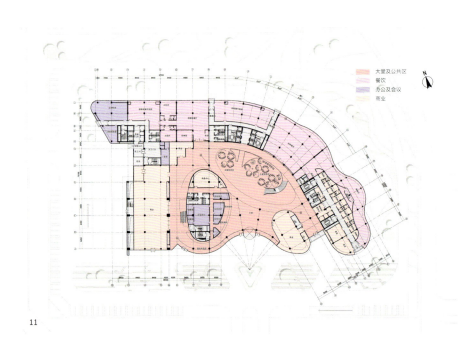

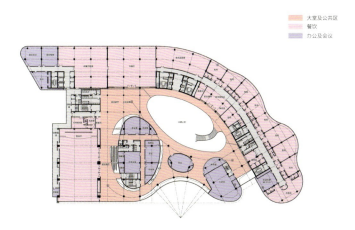

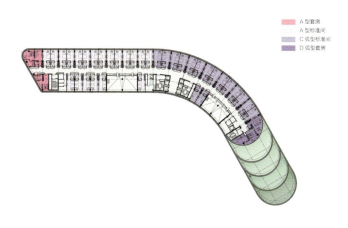

中国园林博物馆

一等奖 · 博物馆

建设地点 • 北京市丰台区园博园西北角
用地面积 • 6.25 hm²
建筑面积 • 5.00万 m²
建筑高度 • 24.00 m
设计时间 • 2010.11~2012.03
建成时间 • 2013.05
合作设计 • 北京山水心源景观设计院有限公司

为中国第一座以园林为主题的国家级博物馆，位于北京市丰台区鹰山脚下、永定河畔，由主体建筑、室内展园与室外展区三部分组成。

设计将传统园林的造园手法与现代博物馆简洁高效的功能特点相结合，以小尺度的群体组合整合功能，形成富有传统特色的新中式园林风格博览建筑。建筑总体布局合理，格调清新，现代风格中传达出传统韵味。

主体博物馆利用轴线控制建筑总体布局，在分散的园林式布局下建立整体空间形态；院落是室内展园及景观空间，穿插于建筑整体之间；屋顶是对传统建筑意向性的呼应，通过不同尺度的屋顶组合，勾勒出丰富的建筑天际线，金色主屋顶体现北京地域性特征。

室内展区重点展示中国南方园林；室外展区重点展示中国北方园林。室内展区包括6个固定展厅，3个临时展厅和1个专题展厅。公共区域展陈设计是对室内公共区域的再塑造和深化。

设计总负责人 • 徐聪艺　张耕　孙勃
项目经理 • 杨彬
建筑 • 徐聪艺　张耕　孙勃　李瀛洲
结构 • 李婷　贺阳　郭宇飞
设备 • 刘沛　鲁冬阳　赵煜　田进冬
电气 • 赵亦宁　宋立立　韩京京
经济 • 宋金辉

对页 01 总平面图　　本页 03 主入口一侧
　　 02 主入口　　　　　 04 西南一隅
　　　　　　　　　　　　 05 室外展园

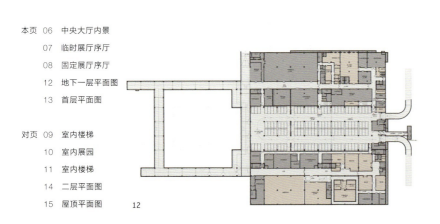
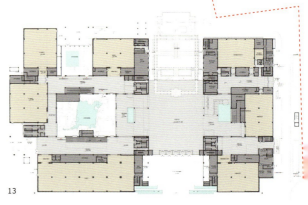

本页 06 中央大厅内景
　　 07 临时展厅序厅
　　 08 固定展厅序厅
　　 12 地下一层平面图
　　 13 首层平面图

对页 09 室内楼梯
　　 10 室内展园
　　 11 室内楼梯
　　 14 二层平面图
　　 15 屋顶平面图

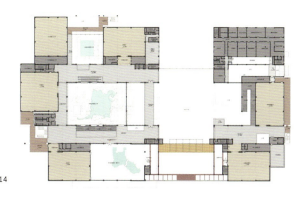
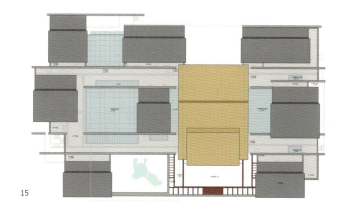

辽宁省博物馆

二等奖 • 博物馆

建设地点 • 辽宁省沈阳市浑南新区
用地面积 • 8.32 hm²
建筑面积 • 10.12 万 m²
建筑高度 • 23.90 m
设计时间 • 2011.05～2011.09
建成时间 • 2013.07

位于沈阳市浑南区中心广场东北侧，由入口区、陈列区、服务区、文物保护区和综合业务区组成。建筑造型简洁，平面规整，分散式布置，利于减少功能干扰。入口区前厅设置取票、咨询、存包和安检等功能，序厅作为交通枢纽联系着多条通往展厅的通道，还可作为多功能活动空间。展览区以序厅为核心四周布置。观众服务区化整为零，结合空间序列合理布置。文保、综合业务区位于建筑主体的东部，两区域在指定楼层相连。

设计总负责人 • 查世旭　欧阳露
项目经理 • 张学俭
建筑 • 查世旭　欧阳露　吴莹　于继成
结构 • 周笋　张世碧　王雪生　石光磊
设备 • 薛沙舟　富晖　葛昕
电气 • 胡又新　吴威
室内 • 张晋　周晖

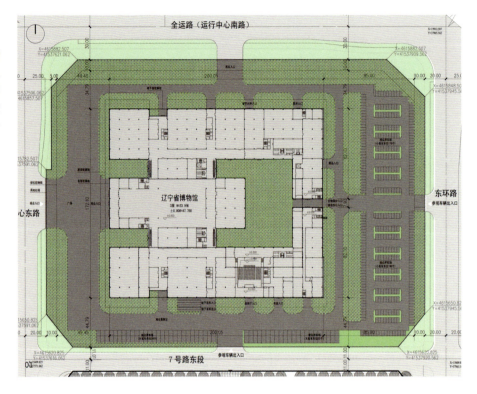

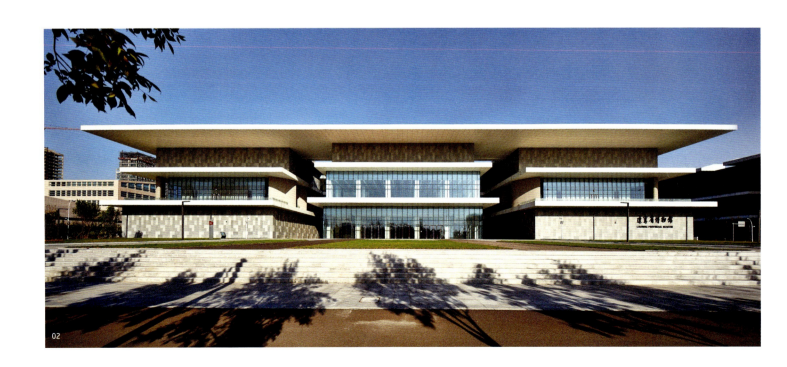

对页 01 总平面图　本页 03 西南向人视
　　 02 西立面人视　　　 04 南立面局部人视
　　　　　　　　　　　 05 东南向人视

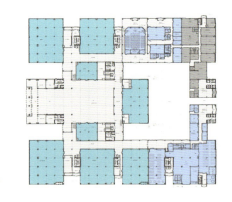

本页 06 前厅　　　对页 08 序厅
　　 07 首层展区走廊　　 09 二层中庭
　　 10 首层平面图　　　 11 二层平面图
　　　　　　　　　　　　 12 三层平面图

08

09

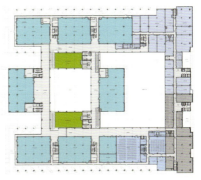

11

12

吉安文化艺术中心

一等奖 · 文化馆

建设地点 · 江西省吉安市城南新区
用地面积 · 4.88 hm²
建筑面积 · 2.25万 m²
建筑高度 · 23.30m
设计时间 · 2008.11~2009.06
建成时间 · 2010.12

位于吉安市城南中心区，以1200座剧场为主体，是集观演、会议、展示、休闲和办公于一体的多功能大型综合文化建筑。建筑造型完整，富于动态，连廊屋架透空的树叶造型体现出对自然、对地域文化的响应，展现文化建筑的特质。建筑按照功能成为南北分散式布局，剧场位于北部，群艺馆位于西南，电影院及多功能剧场位于东南，整体屋顶结构又将两部分建筑合而为一，成为有机整体。

设计总负责人 · 邹雪红 王 鹏
项目经理 · 朱 颖
建筑 · 邹雪红 王 鹏 朱 琳 沈 桢
　　　韩 涛 葛亚萍
结构 · 苗启松 徐 斌 张 胜 周宏宇
设备 · 谷 凯 熊进华
电气 · 姜建中 薛 磊

对页 01 总平面图　　本页 03 东、北立面全景
　　 02 东立面全景　　　　 04 北立面全景

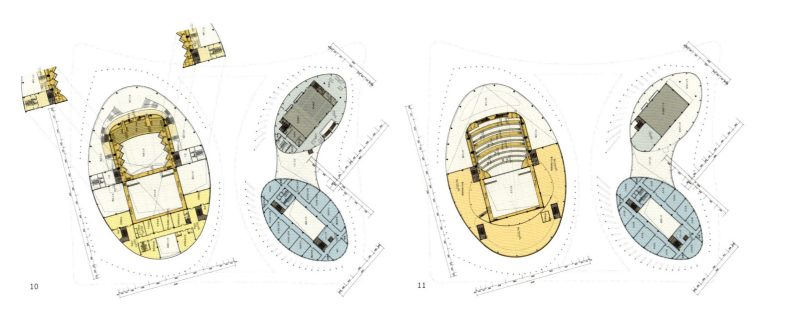

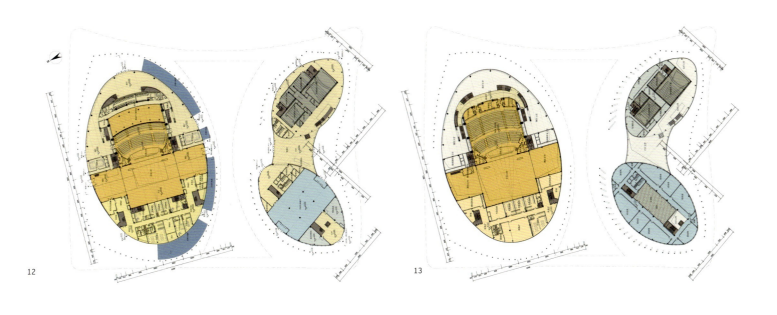

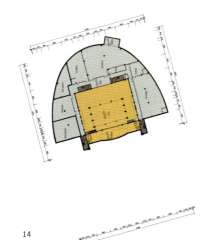

对页	05	内广场全景	本页	10	三层平面图
	06	内广场外廊局部		11	四层平面图
	07	A座大剧院内景		12	首层平面图
	08	A座观众厅内景		13	二层平面图
	09	A座舞台内景		14	地下一层平面图

银川贺兰山体育场

一等奖 · 体育场

建设地点 · 银川市西夏区东部
用地面积 · 35.38 hm²
建筑面积 · 6.60万 m²（附属设施 4.09万 m²）
建筑高度 · 46.50 m
设计时间 · 2008.02～2011.06
建成时间 · 2012.09

位于银川市新城东部。一期为4万座体育场，具备完善的赛时功能，同时为赛后运营设有大量全民健身用房。总体布局较好利用了地形特点，呼应了城市环境，对赛时及赛后利用功能研究较为深入。建筑形态强烈表达出地域文化特点，并与结构形式结合自然，在整体效果和近人尺度上都有较好控制。

环绕体育场周边设置进深30m集散平台，形成大尺度城市广场，响应环境条件，烘托建筑形象。正圆形建筑设20组尖拱单元，出入口采用伊斯兰特色巨大尖券拱廊。钢筋混凝土结构看台，露明钢结构屋顶出挑深远，并通过不同透明度实心聚碳酸酯板形成肌理变化。

设计总负责人 · 邓志伟 刘康宏
项目经理 · 邓志伟
建筑 · 邓志伟 刘康宏 陈慧
结构 · 王家林 陈彬磊 冯阳
设备 · 安丽娟 张杰 李硕 杨国滨 张建鹏
电气 · 赵亦宁 裴雷 李晓彬
经济 · 宋金辉

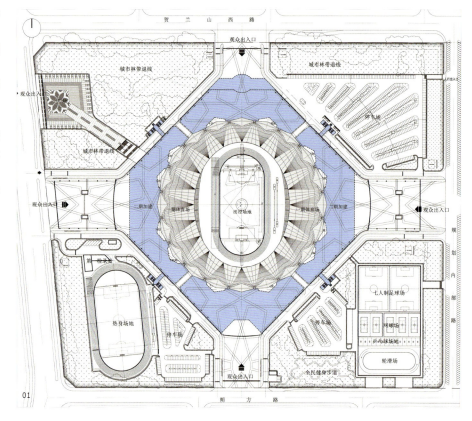

对页 01 总平面图　　本页 03 外立面全景
　　 02 外景鸟瞰　　　　 04 外立面局部
　　　　　　　　　　　　 05 外立面局部夜景照明

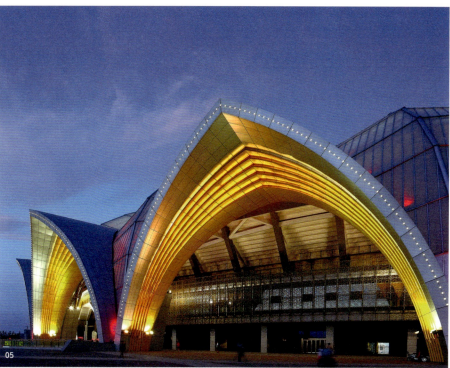

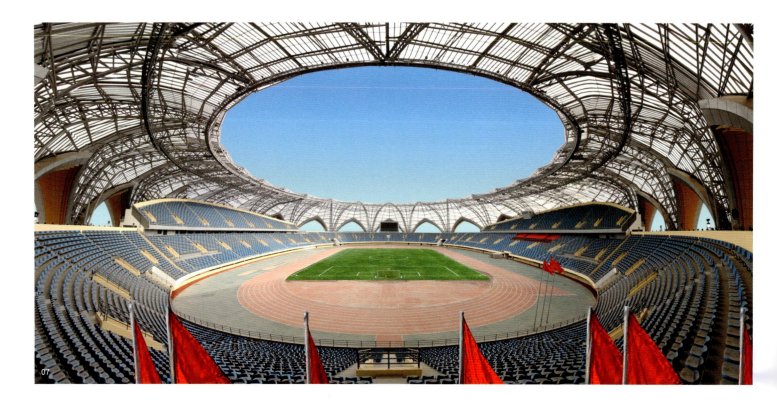

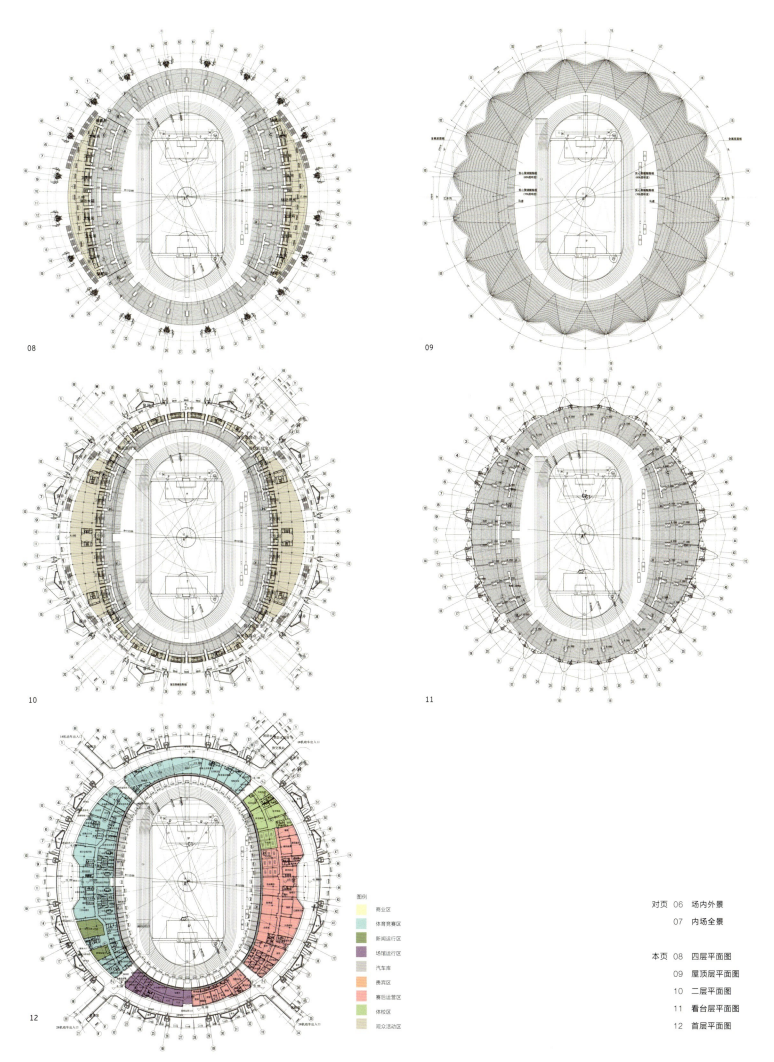

对页 06 场内外景

07 内场全景

本页 08 四层平面图

09 屋顶层平面图

10 二层平面图

11 看台层平面图

12 首层平面图

绍兴县体育场

一等奖 · 体育场

建设地点 • 浙江省绍兴市柯桥区华齐路以南
用地面积 • 9.42 hm²
建筑面积 • 7.82 万 m²
建筑高度 • 44.90 m
设计时间 • 2010.07 ~ 2011.09
建成时间 • 2014.05

位于绍兴市柯北新城，是浙江省"第十五届全运会"开幕式和比赛主会场，采用清水混凝土主体结构。主体育场位于体育中心东南，与东侧会展中心一期用地相连，可容纳4万人，看台下设配套服务用房。

体育场设有南北双侧滑移式开合屋盖，可开启面积10666m²，轨道间距96.3m，单片行走距离59.7m，为国内无遮挡开启面积最大的全天候体育场。场内区域可改造为展厅，可设标准展位单元1116个，周边设会展登录厅、会议中心及办公用房。体育场外膜及吸声内膜均采用PTFE膜材，是国内单层膜结构最大的单体建筑，展开面积超过10万m²。

设计总负责人 • 钟 京
项目经理 • 徐 游
建筑 • 钟 京　赵 晨　窦 志
　　　殷 杰　张怀宇
结构 • 张 胜　甘 明　肖传昕
设备 • 陈 岩　王 琳　孙 龙
电气 • 师宏刚　孙 妍

对页 01 总平面图　　本页 03 室外全景
　　 02 总体鸟瞰　　　　 04 剖面图

本页 05-06 内场全景

对页 07 观众平台局部
08 二层平面图
09 首层平面图

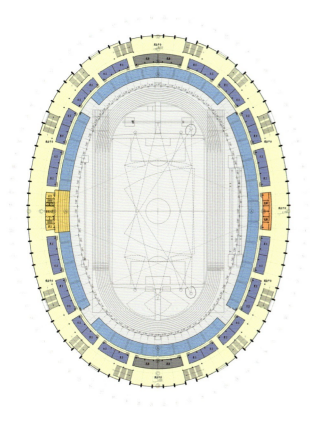

08

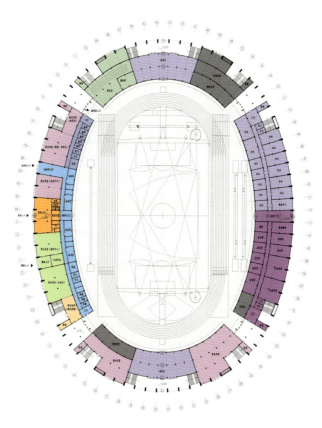

09

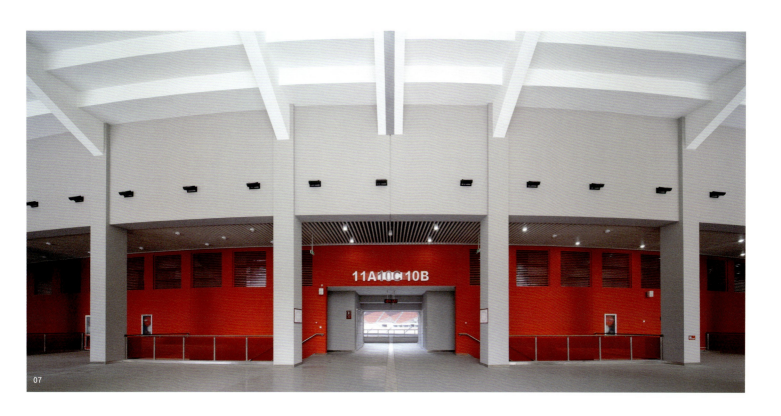

07

绍兴县体育馆、游泳馆

二等奖 • 体育馆、游泳馆
建设地点 • 浙江省绍兴市柯桥区华齐路以南
用地面积 • 4.73 hm²
建筑面积 • 8.16万 m²
建筑高度 • 27.00 m
设计时间 • 2010.07～2011.09
建成时间 • 2014.05

位于绍兴市柯北新城，是浙江省"第十五届全运会"重要的比赛场馆。场地被水系和道路分成五个独立功能分区：运动场区、体育馆区、游泳跳水馆区、训练场区和配套设施区。体育馆位于体育中心北侧中心地块，内设比赛大厅和训练馆，可容纳6110人。屋盖采用钢结构弦支穹顶结构，技术先进。游泳跳水馆位于体育中心西北角，内设跳水池、50m比赛池和训练热身池，可容纳1500人。体育馆外部造型完整，整体关系得当，表皮处理细腻柔和。

设计总负责人 • 钟 京
项目经理 • 徐 游
建筑 • 钟 京　翟 昊　吴 瀚　雷啸光
结构 • 张 胜　范 波　甘 明
设备 • 于 楠　陈 煜
电气 • 陈 校　段宏博　张 勇　王潇潇
经济 • 高 峰

对页	01 总平面图	本页	03 游泳馆室外局部	06 体育馆室外局部
	02 体育馆全景		04 游泳馆剖面图	07 体育馆剖面图
			05 游泳馆全景	08 体育馆全景

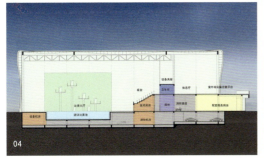

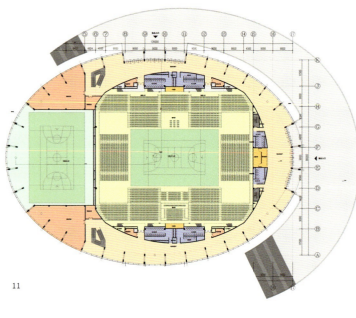

11

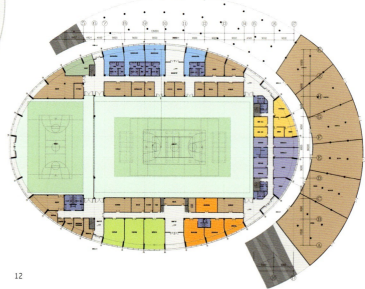

12

本页 09 体育馆室内　　对页 10 游泳馆赛场内景
11 体育馆二层平面图　　13 游泳馆首层平面图
12 体育馆首层平面图　　14 游泳馆二层平面图

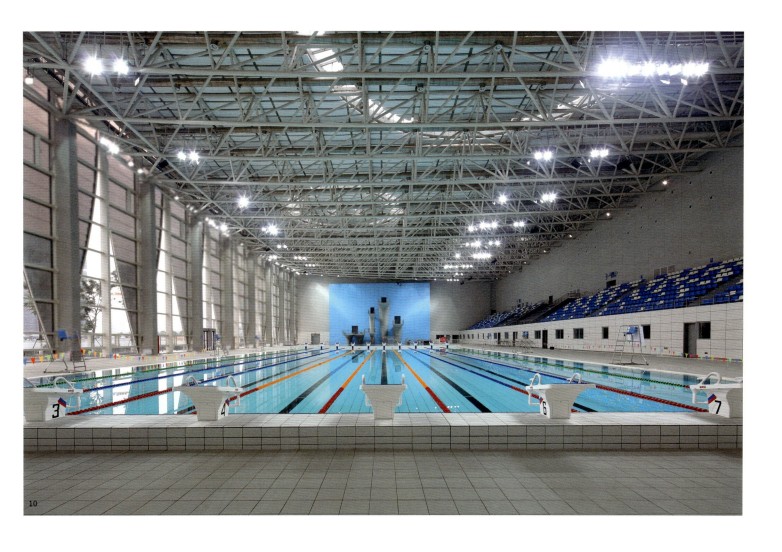

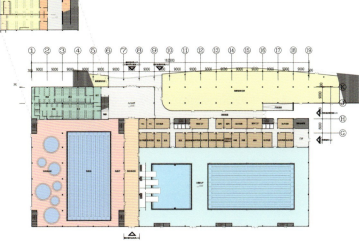

北京汽车产业研发基地

一等奖 • 研发中心

建设地点 • 北京市顺义区仁和镇
用地面积 • 15.78 hm²
建筑面积 • 17.43 万 m²
建筑高度 • 35.59 m
设计时间 • 2008.08～2010.06
建成时间 • 2013.04
合作设计 • GKK 建筑师事务所（德国）
北京市工业设计研究院

集总部办公、会议展示、造型中心、专家公寓、试验中心和试制车间等多功能为一体。外观设计借鉴汽车造型设计的理念和手法，采用流线和曲面造型，富于表现力和动感，通过完整的建筑造型和体量形成强烈的视觉冲击，兼以光洁的金属透明质感，表现出汽车研发中心特有的企业形象。

将基地的"造型中心"置于建筑平面中心，表达其核心部门的地位，同时兼顾到"造型中心"的安全保密要求。围绕"造型中心"分区布置各类功能用房，并构成内部巨大公共活动空间。

设计总负责人 • 丁晓沙　颜 俊
项目经理 • 丁晓沙
建筑 • 丁晓沙　颜 俊　李先荣　林 楠　刘 默
结构 • 雷晓东　姚 莉　张 胜　韩武怡
设备 • 韩 露　张 伟　李 洁
电气 • 孙 平　郝晨思
经济 • 夏 众

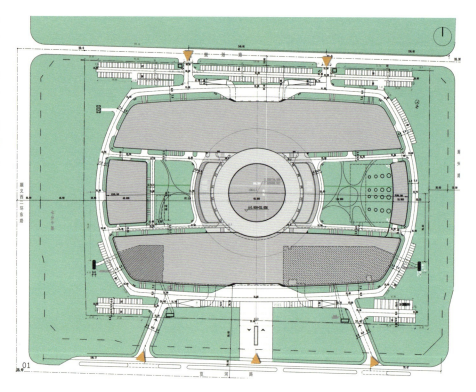

对页 01 总平面图　　本页 03 入口日景
　　 02 鸟瞰效果图　　　　 04 日景实景

本页	05	大厅	对页	06	造型中心环廊
	07	首层平面图		09	四层平面图
	08	三层平面图		10	六层平面图

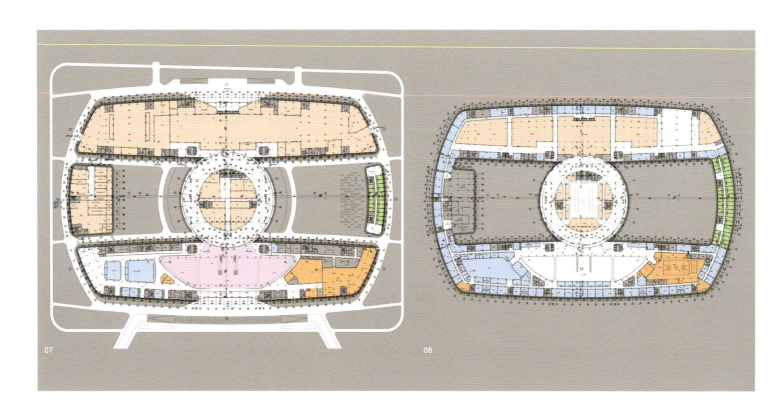

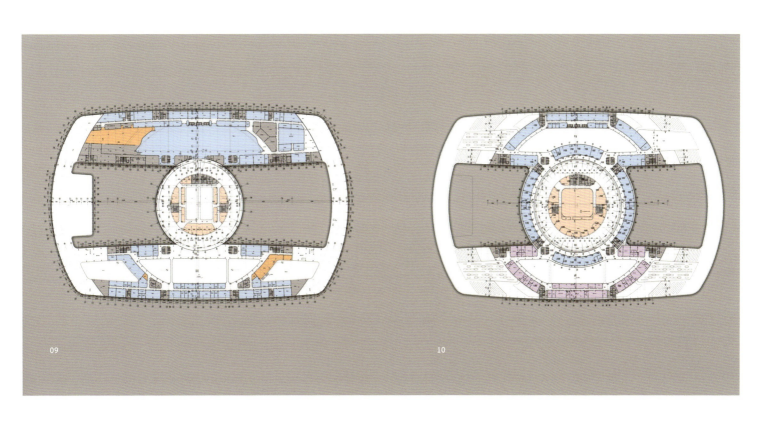

公安部物证鉴定中心——法庭科学应用技术研究中心

二等奖 • 研发中心

建设地点 • 北京市昌平区兴寿镇秦城村北
用地面积 • 0.27 hm²
建筑面积 • 0.57 万 m²
建筑高度 • 18.00 m
设计时间 • 2010.05～2010.12
建成时间 • 2013.10

位于北京市昌平区小汤山附近，基地园区内的配套设施成熟，风景秀丽，主要为员工住宿、会议、办公、DNA研发生产等多项功能。园区规划适宜，与环境融合较好，景观利用充分。

立面清新、明快，与自然环境相互掩映。建筑主楼坐北朝南，成为从山下向山上主轴线的重要底景。建筑造型以水平线条为主，主要选择木纹千思板、灰色涂料墙面及玻璃幕墙，西侧与南侧局部设置玻璃百叶，"DNA"造型同时也是结构的一部分。

设计总负责人 • 邹雪红　王　鹏
项目经理 • 朱　颖
建筑 • 邹雪红　王　鹏　朱　琳　葛亚萍
结构 • 田玉香　周宏宇　许　阳
设备 • 熊进华　赵　伟　张金玉　江雅卉
电气 • 姜建中　薛　磊

01

02

对页 01 总平面图　　本页 03 西北侧透视
　　 02 西立面全景　　　 04 北立面

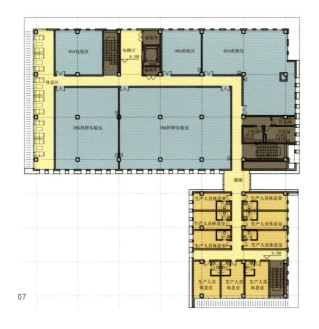
07

08

10

对页 05 西立面细部　　本页 07 三层平面图
　　　06 西南侧局部　　　　 08 四层平面图
　　　　　　　　　　　　　　 09 首层平面图
　　　　　　　　　　　　　　 10 四层实验室北侧外廊

成都中国石化集团西南科研办公基地

二等奖 • 研发中心

建设地点 • 四川省成都市高新区南部
用地面积 • 2.63 hm²
建筑面积 • 10.08万 m²
建筑高度 • 99.90 m
设计时间 • 2009.04～2009.12
建成时间 • 2012.12

位于成都市高新开发区，是公司的科研办公基地。主楼位于用地中央偏北，主入口朝南，6层通高大堂，核心筒位置偏北，保证南侧办公的采光通风条件。内部整合了6个单位的办公、档案、会议功能，实现资源共享且保持相对独立；辅楼位于用地东侧，以连廊连接主楼，包括实验室、计算机中心、餐饮等功能；南侧为景观广场，总体布局以L形向西侧城市绿化带打开。

因项目周边皆为玻璃幕墙高层、超高层建筑，本建筑采用石材与玻璃幕墙相结合的形式，角部做实体处理，有力支撑建筑主体。建筑整体控制到位，有一定细节刻画，显示出良好的技术能力。

设计总负责人 • 田 心　李 玲
项目经理 • 田 心
建筑 • 田 心　李 玲　龚 泽　侯冬临　闫淑信
结构 • 李伟政　刘 容　郑珍珍
设备 • 洪峰凯　赵彬彬
电气 • 沈 洁　姚赤飙　崔大川

01

02

对页 01 总平面图　　本页 03 西侧看辅楼
　　 02 东北角全景　　　　 04 南主入口
　　　　　　　　　　　　　 05 北入口

07

08

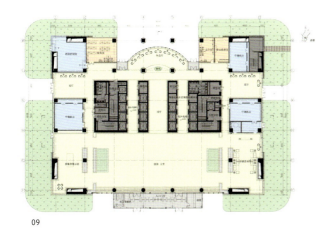

09

10

11

12

对页　06　大堂内景

本页　07　A座三层平面图　　　10　A座二层平面图
　　　08　A座七层平面图　　　11　A、B、C座地下一层平面图
　　　09　A座首层平面图　　　12　B座、C座首层平面图

青岛国际贸易中心 A、B 栋

一等奖 • 综合楼

建设地点 • 青岛市市南区香港中路 8 号
用地面积 • 5.99 hm²
建筑面积 • 33.28 万 m²
建筑高度 • 241.00 m
设计时间 • 2008.10～2010.07
建成时间 • 2013.10
合作设计 • GMP 建筑事务所（德国）

地理位置显赫，北面、东面邻近城市干道。A 塔为 45 层办公建筑，高 237.9m；B 塔为五星级酒店及酒店式公寓。

设计在相对紧张的用地内，妥善组织了与城市、场地的各类功能关系，建筑平面规则，功能完善，空间完整，造型挺拔。建筑设计的总体难度高，全专业的技术整合性较好。

设计总负责人 • 刘晓钟　胡育梅　尚曦沐　王琦　吴静
项目经理 • 刘晓钟
建筑 • 刘晓钟　胡育梅　尚曦沐　王琦　吴静
　　　王亚峰　张羽　孙喆　金陵
结构 • 何鑫　毛伟中
设备 • 黄涛　曾丽娜
电气 • 李逢元　程春晖

对页 01 总平面图　　本页 03 西北人视　　05 北侧酒店入口
　　 02 鸟瞰　　　　　　 04 东北街景　　06 西立面全景

上一对页 07 商业中庭
08 酒店大堂

对页 09 宴会厅
10 行政酒廊

本页 11 B 塔酒店层平面图
12 A 塔三十一层平面图
13 首层平面图
14 二层平面图

11

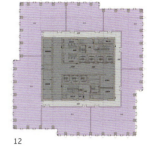
12

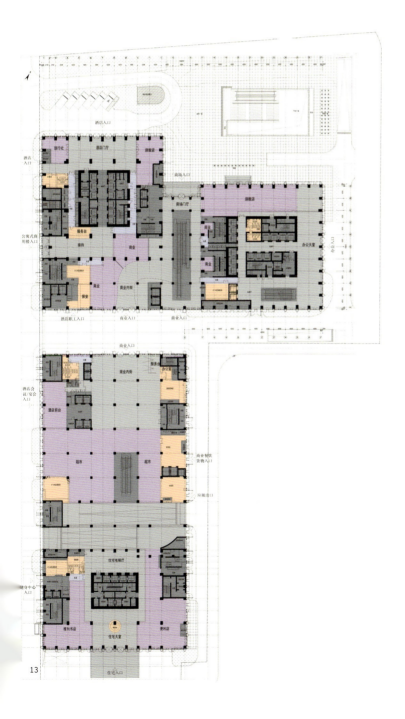
13

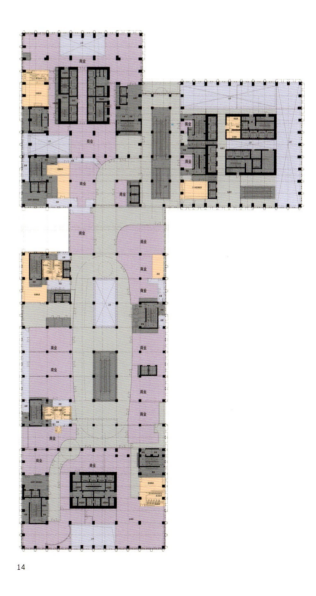
14

青岛万邦中心

二等奖 • 综合楼

建设地点 • 青岛市市南区延安三路 234 号
用地面积 • 2.02 hm²
建筑面积 • 21.60 万 m²
建筑高度 • 232.50 m

设计时间 • 2005.08 ~ 2011.01
　　　　　 2013.01（结构局部改造）
建成时间 • 2011.01
合作设计 • T&M 建筑事务所（美国）

位于青岛市"钻石地段"，结合场地高差很好地解决各功能流线。建筑包括写字楼（232.5m）、公寓楼（99m）及商业裙房（24m）三部分。造型取意于高耸的多斜面水晶柱体坐落在深色石台上，裙房屋面考虑到"第五立面"——集玻璃采光顶、种植屋面、石材屋面于一体。办公楼采用体块切削与线条刻画相结合的方式，手法简洁有力，在整体效果和细节表现上取得统一。

设计总负责人 • 解 钧
项目经理 • 文跃光
建筑 • 解 钧　徐 浩　唐 佳
结构 • 陈彬磊　李伟政　杨 勇　李志东
设备 • 王保国　李晓志　何晓东　曹 明
电气 • 庄 钧　张瑞松　陈 莹

对页	01	区位图	本页	04	西侧街景立面
	02	总平面图		05	主楼仰视
	03	沿海立面		06	办公楼主入口
				07	北侧街景立面

对页 08 办公楼入口大堂

本页 09 公寓室内
   10 五层平面图
   11 三层平面图
   12 二层平面图
   13 首层平面图

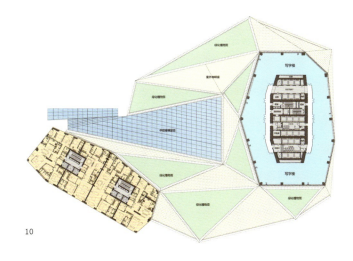
10

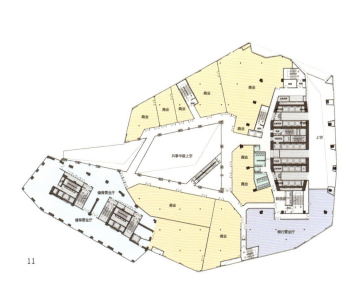
11

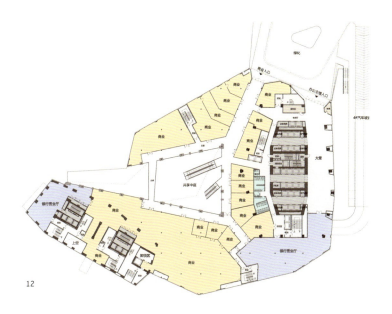
12

09

13

北京东方文化艺术中心

二等奖 • 综合楼

建设地点 • 北京市东城区东四危改小区	设计时间 • 2004.08～2009.06
用地面积 • 1.58 hm²	建成时间 • 2013.05
建筑面积 • 14.09万 m²	合作设计 • GMP建筑事务所（德国）
建筑高度 • 80.30 m	中广电广播电影电视设计研究院

位于北京市东四十条桥西南侧，主要功能为办公北楼、剧场和办公南楼。用地呈矩形，一层为一整体建筑，二层为一大平台。由南向北依次为21层高级办公楼、5层剧场、21层高级办公楼。不规则平面，多套轴网的叠合交织，内部空间复杂，虽多有转折，但建筑形态仍维持了较好的完整性，柔和的圆角处理、局部的退后，缓解了对城市的压力。

设计总负责人 • 李筠　李翎　李伟佳
项 目 经 理 • 李筠
建筑 • 李筠　李翎　李伟佳　童辉　张圆
结构 • 陈继英　杨懿　张晨军　苏彦
设备 • 诸秦　安浩　高扬　李洁
电气 • 梁巍　张文北

对页　01　总平面图　　　本页　03-04　东侧局部立面
　　　02　东北侧全景　　　　　05　场地内景
　　　　　　　　　　　　　　　06　西南侧全景

对页 07 西侧局部立面
　　 08 大堂内景
　　 09 剧场内部全景

本页 10 南楼十三至十五层平面图
　　 11 北楼十九层平面图
　　 12 二层平面图
　　 13 首层平面图

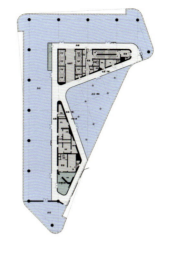

10　　11

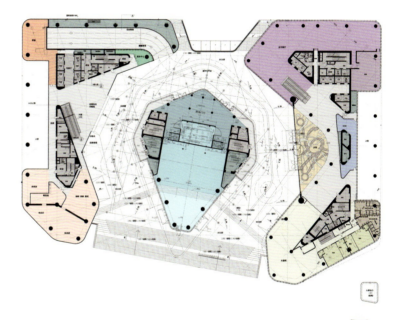
12

13

内蒙古呼和浩特金泰丽湾商务中心

二等奖 • 综合楼

建设地点 • 内蒙古自治区呼和浩特市
用地面积 • 1.95 hm²
建筑面积 • 9.23万 m²
建筑高度 • 73.50 m
设计时间 • 2010.12～2011.12
建成时间 • 2013.08

位于内蒙古呼和浩特市如意开发区。设计保留了北侧已有的临街两栋商业楼，南侧为新建两栋办公楼。四栋建筑中间十字形内街将存在高差的四栋建筑与商业营业厅联系为一个整体，形成空间连续、功能互补的公共空间。

写字楼以竖向石材线条和玻璃幕墙与整个小区风格统一，商业楼强调细部刻画和线脚装饰，突出商业特质。内街重点部位采用玻璃天窗，配合遮阳系统，兼顾通透与保温隔热要求。以商业内街将新旧建筑联系成为统一整体，手法自然顺畅。总体控制得当，细节表达到位，稳健平实。

设计总负责人 • 金 洁
项目经理 • 崔 锴
建筑 • 金 洁 徐聪智 张东坡 闫 凯
结构 • 王志刚 黄国辉 杨 雷
设备 • 崔海平 赵 丽 张 诚
电气 • 任 红 刘云龙
经济 • 张广宇

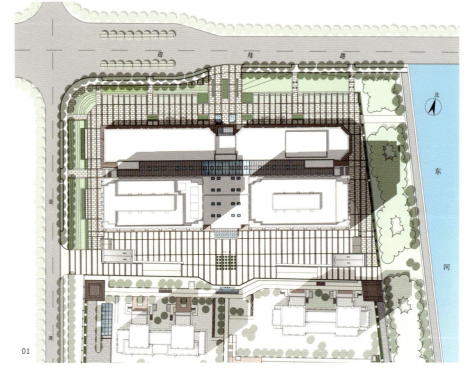

对页 01 总平面图　　本页 03 南侧立面细部　　05 北侧商业店铺入口细部
　　 02 北侧立面透视　　　　 04 西侧商业入口　　06 南侧景观透视

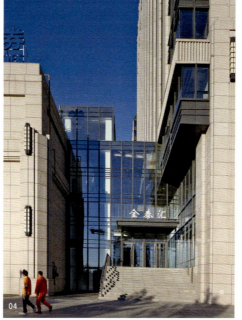

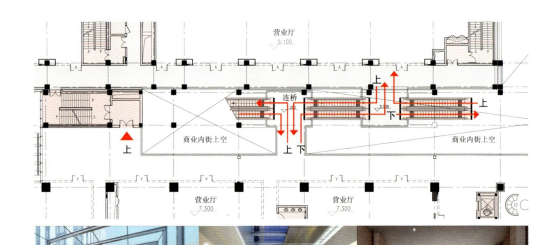

本页 07 十字中庭端部细部设计
　　 08 北侧商业大堂
　　 09 中庭总体透视
　　 10 内部空间关系图

对页 11 四层平面图
　　 12 二层平面图
　　 13 首层平面图

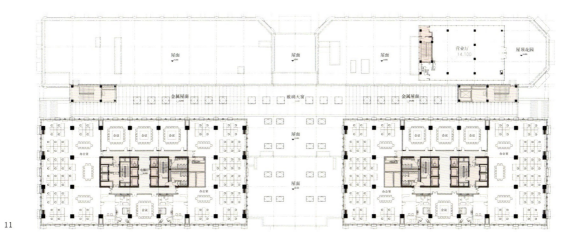
11

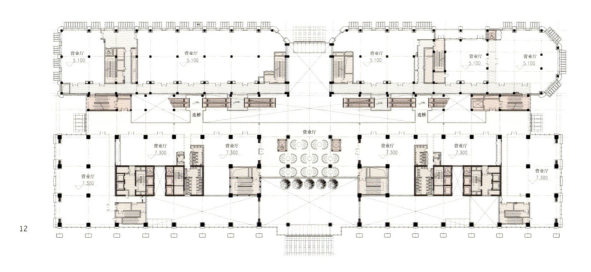
12

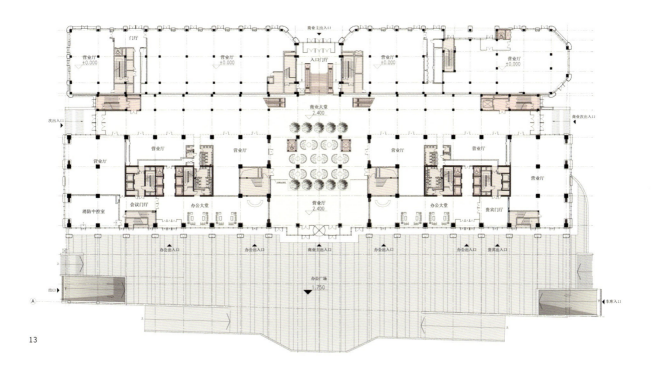
13

荣华国际中心

二等奖 • 综合楼
建设地点 • 北京经济技术开发区核心区
用地面积 • 2.97 hm²
建筑面积 • 11.90 万 m²
建筑高度 • 79.90 m
设计时间 • 2009.01～2011.01
建成时间 • 2013.12

是集办公、中高端综合商业和商务酒店于一体的综合服务型建筑。三栋塔楼沿荣华南路展开，通过高低、前后错落的序列塑造城市形象，楼间设置大面积广场和环境景观。1号楼为酒店，临荣华南路设置大面积的入口广场；2、3号楼为办公，楼间为广场、集中绿地，入口面向东侧，与商业人流分开；配套商业主要设置在沿荣华南路的首层和二层。

立面以石材和玻璃幕墙为主，风格简约。南侧设大面积落地窗以利采光。从内部空间、功能出发，采用模数化竖向线条，突出建筑的高大笔挺和雕塑感。建筑群体布局合理，总体控制较好，线条明快，表达细腻。

设计总负责人 • 马 跃　丛利民
项目经理 • 马 跃
建筑 • 马 跃　丛利民　徐通达　侯新元　林 卫
结构 • 孙传波　刘会兴　李万斌
设备 • 唐小辉　张 辉　张 磊　吴佳彦　刘 征
电气 • 白喜录　胡安娜

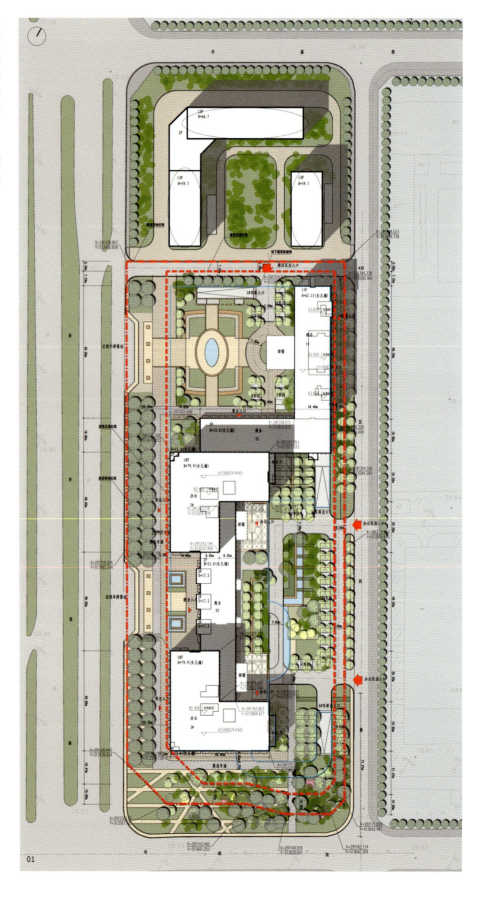

对页 01 总平面图　　本页 02 西立面全景　　05 壁柱细部
　　　　　　　　　　　　03 办公楼南立面　　06 酒店入口细部
　　　　　　　　　　　　04 办公楼西北透视

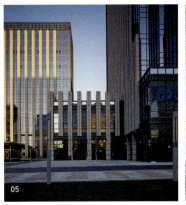

对页 07 酒店室内大堂
08 酒店室内电梯厅

本页 09 办公室三层平面图
10 办公室首层平面图
11 办公室二层平面图

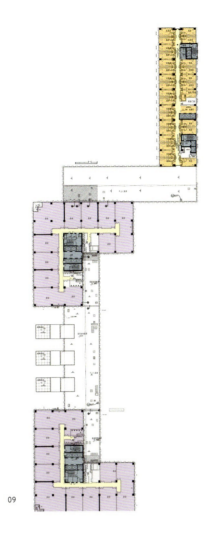
09

10

11

深圳皇庭国商购物广场

二等奖 • 商业中心

建设地点 • 深圳市中心区
用地面积 • 4.23 hm²
建筑面积 • 13.69 万 m²
建筑高度 • 6.55 m

设计时间 • 2004.06～2013.12
建成时间 • 2014.12
合作设计 • BENOY 建筑师事务所（英国）

位于深圳中轴线上的大型综合商业楼，地上一层、地下3层，屋顶上有 2m 覆土绿化，是"深圳市城市大客厅绿云"一部分。南侧、北侧屋面设有天桥与周边商业、会展相连；东、西两侧为 40m 宽下沉式广场，各有一座天桥与两侧酒店相接；东侧下沉广场与地铁会展中心站无缝连接。

购物广场主要功能为大型主力店、餐饮和零售。内部设有多处共享中庭，更通过下沉式广场将商业、餐饮与室外相连通，形成内、外部建筑环境的联系。功能及空间设计的手法娴熟、变化丰富。建筑力图与外部城市功能、城市环境相结合，将自身体量消隐在城市绿化中，以减少大型商业对城市空间形态的影响，从城市设计出发寻求建筑设计之道。

设计总负责人 • 陈知龙
项目经理 • 侯郁
建筑 • 陈知龙　王广祥　徐丽光　陈培
结构 • 侯郁　王静薇　罗才进　何宁
设备 • 蔡志涛　李新博　范坤泉　于鹏　龚旎
电气 • 彭江宁　陈小青

对页 01 总平面图　　本页 03 主入口透视
　　　02 鸟瞰全景　　　　　04 西立面透视
　　　　　　　　　　　　　05 东下沉广场

对页 06 主中庭内景
　　 07 主通道内景

本页 08 地上一层平面图
　　 09 下沉广场上层平面图
　　 10 下沉广场平面图

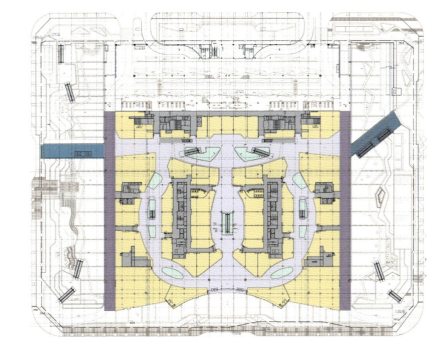
08

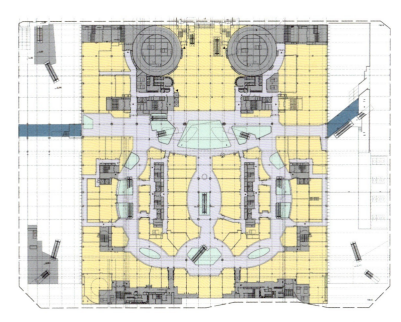
09

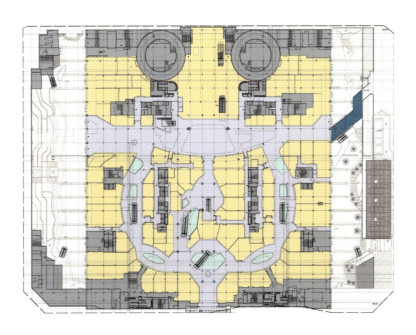
10

海军总医院内科医疗楼

二等奖 • 医技楼

建设地点 • 北京市海淀区阜成路6号
用地面积 • 10.32 hm²
建筑面积 • 9.64 万 m²
建筑高度 • 50.00 m
设计时间 • 2009.12～2010.08
建成时间 • 2012.11

位于玉渊潭北岸，东接钓鱼台国宾馆。医疗楼正对院区主入口，位于主要交通和景观轴线上，与门诊楼、二期医疗大楼形成"品"字构图。建筑平面采用"一"字形，保证病房区域的充分日照，并尽量留出完整的绿化广场。立面形成巨大"门"形构图，成完全对称的布局。裙房采用舒缓弧线，与主楼上的弧形幕墙呼应，建筑整体造型简洁有力，突出了在整个院区内的核心位置，并在色彩及细部设计上与二期医疗大楼呼应。

设计总负责人 • 李 筠 李 翎 王 佳
项目经理 • 李 筠
建筑 • 李 筠 李 翎 王 佳 李伟佳 张建忠
结构 • 雷晓东 孙 源 顾 丹
设备 • 王 旭 孙 亮 黄槐荣 郑甲珊
电气 • 梁 巍 董栋栋 杨 源

对页 01 总平面图　　本页 03 东北侧全景
　　 02 北侧局部立面　　　 04 东侧局部立面
　　　　　　　　　　　　　 05 东南侧全景

对页 06 大堂内景
07 护士站内景
08 病房内景

本页 09 九至十二层平面图
10 三层平面图
11 二层平面图
12 首层平面图

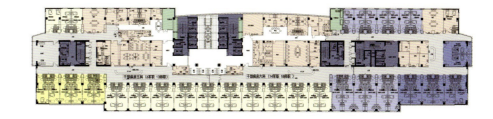
09

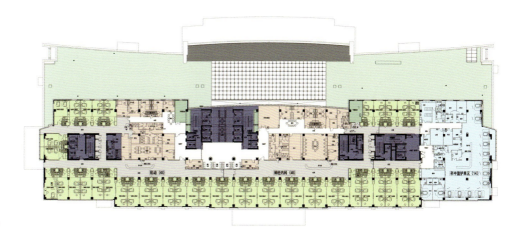
10

11

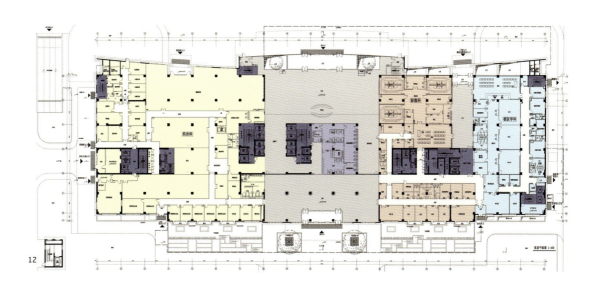
12

潞河医院手术病房楼

二等奖 • 病房楼

建设地点 • 北京市通州区新华大街 82 号
用地面积 • 0.19 hm²
建筑面积 • 2.40 万 m²
建筑高度 • 54.50 m
设计时间 • 2008.01 ~ 2009.08
建成时间 • 2012.02

是北京市通州区最大的综合性医院。由于基地的用地条件限制，平面采用板式布局，建筑东西长 63.53m，南北长 26.60m；与东部已建成的 15 层病房楼连成一体，并为医院未来的发展预留了充分的空间和条件。建筑功能流线合理，平面紧凑。主要出入口位于建筑北部偏东，门厅与东部病房楼相连，周边形成环路交通，作为环形消防通道，与医院的各主要交通道路连通。

设计总负责人 • 纪 合
项目经理 • 金卫钧
建筑 • 纪 合
结构 • 王铁锋　王立新
设备 • 王保国　马征南　吕紫薇　曹 明　赵晓瑾
电气 • 刘佩智

对页 01 总平面图　　本页 03 西南面实景
02 西南面沿街实景

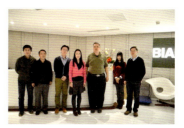

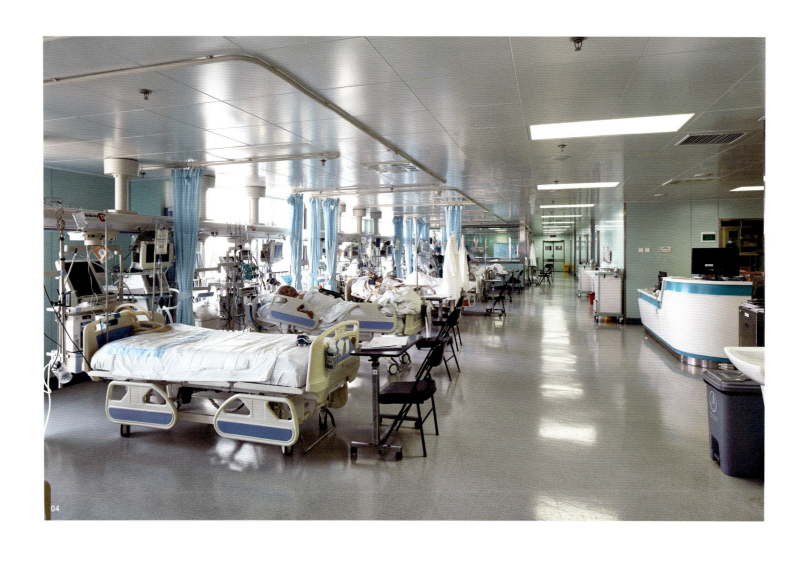

对页 04 ICU 病房内景
05 门厅
06 普通病房室内

本页 07 八层平面图（心外科+CCU）
08 二至十一层（标准护理单元）平面图
09 首层平面图

北京兴创投资有限公司办公楼和配套设施装修改造

二等奖 · 建筑改造

建设地点 • 北京市大兴区黄村镇
用地面积 • 1.5 hm²
建筑面积 • 1.20万 m²
建筑高度 • 22.50 m
设计时间 • 2011.03~2012.01
建成时间 • 2013.03

为改造项目，主要包括建筑外立面、建筑内部功能及房间布局、室内机电设施；内部装修以及庭院环境改造。项目对建筑功能布局进行了补充与整合，提升了办公和会议功能的完善性和便利性。外部建筑立面材质以浅黄色洞石为主，辅以玻璃幕墙，从材质和颜色上强化体量特征。设置下沉景观庭院，改善了整个地下空间的办公环境。

设计总负责人 • 李 军
项 目 经 理 • 金卫钧
建筑 • 李 军　田卓勋
设备 • 韩兆强　胡 宁　曾 源
电气 • 张安明

对页 01 总平面图　　本页 03 东南全景（改造前）　　05 西南近景
　　　02 主体南立面全景　　　　04 南立面近景　　　　　　06 东南全景

对页 07 配楼细部
08 主入口细部
09 采光天窗实景

本页 10 三层（配楼四层）平面图
11 二层（配楼三层）平面图
12 二层（配楼二层）平面图
13 首层平面图
14 地下一层平面图

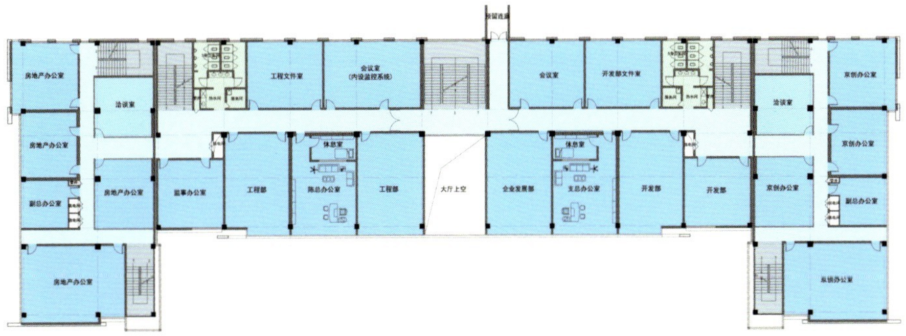

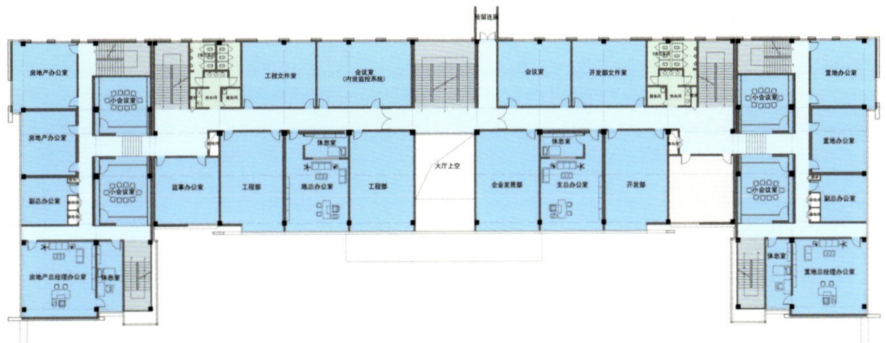

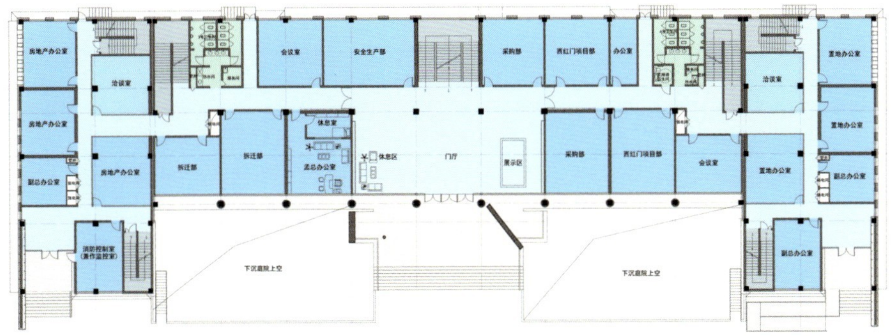

丰台区张仪村西城区旧城保护定向安置房

一等奖 • 高层住宅

建设地点 • 北京市丰台区
用地面积 • 15.95 hm²
建筑面积 • 54.04万 m²
建筑高度 • 99.90 m

设计时间 • 2010.03～2012.08
建成时间 • 2013.12
合作设计 • 北京维思平建筑设计事务所
　　　　　 北京墨臣工程咨询有限公司

位于北京市丰台区西南四环与五环之间。项目规划布局简洁，分成南北两个组团；组团内的建筑围绕中心绿化布置。

建筑的形象设计特点鲜明，色彩明快，线条挺拔。建筑单体为18层以下、18层以上两种标准单元。户型设计主要采用南北通透的一梯四户标准层，户内空间方正实用，使用系数高。少量的东西向户型，采用一梯两户的通透户型。安置居民为老城区平房居民，有对于商铺的需求，故沿周边城市道路设置了沿街商铺、低层商业等。

设计总负责人 • 王　戈　　李诗云
项目经理 • 张学俭
建筑 • 王　戈　　李诗云　　于宏涛　　何　获
　　　马　笛　　席伟东
结构 • 柯吉鹏　　闫　莹　　史永麟　　张　博
设备 • 刘燕华　　闫　珺
电气 • 刘会彬　　杨　奕
经济 • 高洪明

01

02

对页 01 总平面图　　本页 03-04 全景
　　 02 南区立面

上一页 05 南区全景
06 南区立面
07 南北区住宅
08 北区立面
09 北区及学校全景

对页 10 小区全景

本页 11-13 标准层户型平面图

11

12

13

中海·九号公馆
（B、D地块联排住宅）

一等奖 • 多层住宅

建设地点 • 北京市丰台区花乡六圈
用地面积 • 28.38 hm²
建筑面积 • 50.55万 m²
建筑高度 • 60.00 m
设计时间 • 2010.03～2010.07
建成时间 • 2011.12
合作设计 • 深圳市欧普建筑设计有限公司

位于北京市西南四环外、世界公园东北方向。规划设计结合现有地形，正向布置，两或三单元联排，通过地块内联排住宅配以抬高室内地平的做法，使庭院景观相互联系，实现人车分流。

伊丽莎白皇家建筑的风格定位，选取三角山花、圆形尖塔、八角凸窗、装饰性烟囱、十字交叉坡屋面以及都铎拱等为主要建筑符号；米黄色系石材、深蓝色水泥瓦、古铜色门窗作为主色。住户可直接从自家车库入户。采用大户型，开间、进深适当，两层通高起居厅，三层通高中庭庭院，户型设计较合理。

设计总负责人 • 刘晓钟　吴静
项目经理 • 刘晓钟
建筑 • 刘晓钟　吴静　张立军　冯冰凌
　　　　郭辉　钟晓彤　李扬　姚溪
结构 • 张国庆　张俏　李阳
设备 • 刘磊　刘双
电气 • 梅雪皎　孙平

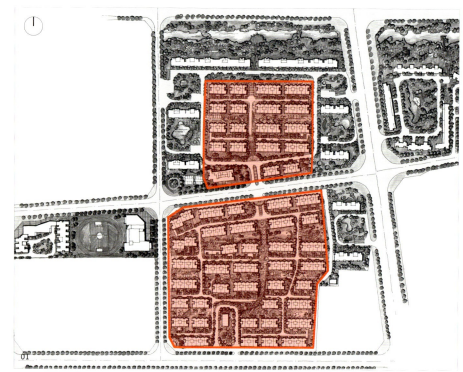

对页 01 总平面图　　本页 03 大门　　05 B-13号南侧局部人视
　　　02 半俯视　　　　　04 B-13号北侧人视　06 B-22号南侧局部人视

07

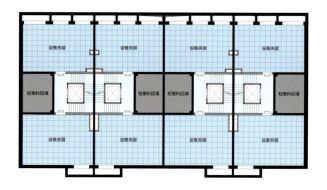
09

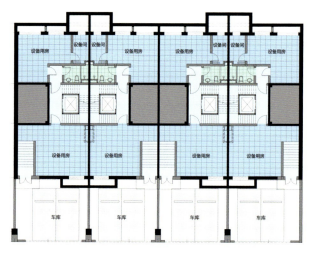
10

08

对页 07 室外车库坡道
08 室外小路
09 设备层平面图
10 地下二层平面图

本页 11 首层平面图
12 二层平面图
13 三层平面图
14 起居室室内

13

11

12

14

乐活家园二期住宅

二等奖 • 多层住宅

建设地点 • 北京市房山区阎村镇
用地面积 • 16.61 hm²
建筑面积 • 15.49万 m²
建筑高度 • 31.85 m
设计时间 • 2011.04~2012.11
建成时间 • 2014.04

位于北京市房山区阎村镇，规划合理，同时注意与一期的协调统一，与原有乐活家园小区实现对接，将小区内的绿化与城市绿化有机连接，创造大尺度的绿化空间。设计采用成熟的户型设计，为低层短板楼体、大面宽小进深、一梯两户南北通透，实现优良的套型效果。

设计总负责人 • 林爱华　刘晶锋
项目经理 • 林爱华
建筑 • 林爱华　刘晶锋　刘晶　张风　胡文培
结构 • 逯晔　张俏　毛伟中　丁淼
设备 • 顾沁涛　刘立芳　赵永良
电气 • 董燕妮　董晓光　王远方

对页 01 总平面图　　本页 03 北立面
　　 02 俯视

本页 04 南立面
　　 05 A单元叠拼户型二层平面图
　　 06 B单元户型首层平面图
　　 07 C单元户型标准层平面图

对页 08 北立面

05

06

07

远洋新悦住宅

二等奖 • 高层住宅

建设地点 • 北京市朝阳区管庄乡
用地面积 • 7.03 hm²
建筑面积 • 10.10 万 m²
建筑高度 • 30.50～51.90 m
设计时间 • 2009.06～2010.09
建成时间 • 2012.10

位于北京市朝阳区，分为 B-2 和 B-7 两个地块。总图设计以短板为主要构成要素，中心景观带结合板式住宅形成半开敞式的院落空间，辅以庭院绿化；小区道路做到人车分流，主要机动车停车考虑在地下车库解决，各楼座均可从地下经电梯入户。小于 90m² 的中小户型为主要户型，户型配比集中在 70～90m² 的一居、二居。套型设计基本合理，进深小，流线紧凑；单元电梯厅基本为明厅，效果好；立面设计较简洁，色彩素雅。

设计总负责人 • 刘晓钟　高羚耀　程浩
项目经理 • 刘晓钟
建筑 • 刘晓钟　高羚耀　程浩　孟欣
　　　张建荣　王腾
结构 • 毛伟中　李昊　李阳
设备 • 黄涛　曾丽娜　宋平
电气 • 向怡　侯涛　陈婷

对页 01 总平面图　　本页 03 9号楼南立面
　　 02 南立面全景　　　　 04 小区内部景观细部
　　　　　　　　　　　　　 05 主楼东立面

06

07

08

09

对页 06 1号楼标准层平面图
07 2号、3号楼标准层平面图
08 4号楼标准层平面图
09 5号、7号楼标准层平面图

本页 10 6号楼标准层平面图
11 8号楼标准层平面图

10

11

第九届中国（北京）国际园林博览会园区规划

一等奖 · 城市规划

建设地点 · 北京市丰台区永定河西
规划用地面积 · 267 hm²
规划建筑面积 · 28.84 万 m²
编制时间 · 2011.01～2012.06
批复时间 · 2012.06
建成时间 · 2012.12
合作单位 · 北京山水心源景观设计有限公司
北京市市政工程设计研究总院有限公司

园区内规划有园博轴（银杏大道）；园博湖景区和锦绣谷两大景区；永定塔、园林博物馆和主展馆这三个主要建筑。园区共有18个传统展园、29个现代展园、9个创意展园、34个国际展园和1处湿地展园。

园区总体规划和结构体现了"一轴、两点、三带、五园"的空间布局。"一轴"：东西向景观轴线；"两点"：园林博物馆与锦绣谷是本规划的两个突出的亮点；"三带"：三条景观绿廊联系园博园和永定河；"五园"：由园林博物馆和三条景观廊道划分出的五大区域。形成"两轴，多点，多环"的园区总体交通结构。展园分区以从古到今的时间序列和由国内到国外的空间序列进行展园布置。

设计总负责人 · 徐聪艺　张　果　孙　勃
项目经理 · 杨　彬
专业负责人 · 孙志敏　赵占岭　许卫华　宋金辉
单体专业负责人 · 杨　彬　李　婷　田进冬　宋立立
设计人 · 王金恒　孙　朋　李明媚　吴　琦

01

02

对页 01 总平面图
　　 02 鸟瞰全景

本页 03 全景

本页	04	规划结构	对页	07	游览路线	下一对页	09	主入口全景		12	永定塔
	05	路网分析		08	园区服务设施		10	远景鸟瞰		13	永定塔永定阁
	06	鸟瞰全景					11	景观大道			

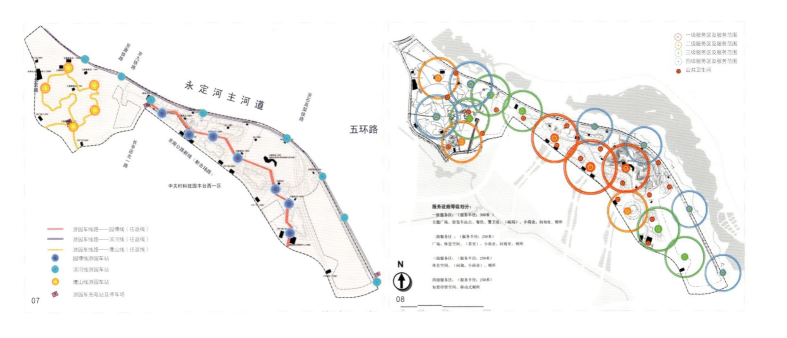

中国人民银行管理干部学院景观设计

专项奖 • 景观设计

建设地点 • 北京市昌平区南口镇
设计时间 • 2010.12～2011.07
建成时间 • 2013.08

地处北京居庸关叠翠峰脚下,"因境成景"创造出三进式半围合的院落空间,利用植物造园,创造自然景观,形成不同主题的庭院文化。一进庭院:学院入口空间,由北向南形成了3m高差坡地,设置硬质铺地与极简风格水池;二进庭院:以棋艺为文化主题的区,棋盘式网格划分构图,矩阵式栽植;三进庭院:以叠石溪水绿草汀步为主,打造自然写意山水庭院。

设计总负责人 • 刘 辉
项目经理 • 杜佩韦
景观 • 刘辉 刘健 耿芳 刘庚吉 苏静
结构 • 段世昌 郭惠琴
设备 • 滕志刚 王颖
电气 • 蒋楠 陈静

对页	01	总平面图	本页	03	功能分析	下一对页	05	一进庭院叠水池		09	二进庭院全景
	02	南岸澹碧		04	三进庭院叠石溪水		06-07	二进庭院海棠棋社		10	三进庭院
							08	台地景观		11	园路

一进庭院　台地庭院
二进庭院　湖水景区
三进庭院　基础绿化区

03

04

其他获奖项目

"●"为国际合作项目

北京市新少年宫

三 等 奖 ● 公共建筑
建设地点 ● 北京市东城区龙潭湖百果园 3 号
用地面积 ● 1.1hm²
建筑面积 ● 4.04 万 m²
建筑高度 ● 22.60m
设计时间 ● 2006.07～2008.04
建成时间 ● 2013.05

北京经开 ● 国际企业大道Ⅲ
(G130 地块)

三 等 奖 ● 公共建筑
建设地点 ● 北京市通州区光机电产业园 G-130 地块
用地面积 ● 14.91hm²
建筑面积 ● 26.06 万 m²
建筑高度 ● 20.40～50.00m
设计时间 ● 2011.01～2012.02
建成时间 ● 2013.10

顺义区李桥镇商业金融办公区
(翼之城)

三 等 奖 ● 公共建筑
建设地点 ● 北京市顺义区李桥镇
用地面积 ● 1.59hm²
建筑面积 ● 15.29 万 m²
建筑高度 ● 44.9m
设计时间 ● 2010.05～2011.01
建成时间 ● 2013.06

融科创意中心

三 等 奖 ● 公共建筑
建设地点 ● 北京市石景山区八角南路
用地面积 ● 2hm²
建筑面积 ● 11.32 万 m²
建筑高度 ● 79.95m
设计时间 ● 2010.06～2011.04
建成时间 ● 2013.01

中国人民银行管理干部学院

三 等 奖 ● 公共建筑
建设地点 ● 北京市昌平区南口镇东园村
用地面积 ● 3.75hm²
建筑面积 ● 1.85 万 m²
建筑高度 ● 13.12m
设计时间 ● 2010.06～2013.07
建成时间 ● 2013.07

昌平区育知东路 BHG 华联购物中心

三 等 奖 ● 公共建筑
建设地点 ● 北京市昌平区回龙观地铁站东，
龙腾路南侧
用地面积 ● 1.66hm²
建筑面积 ● 6.80 万 m²
建筑高度 ● 23.99m
设计时间 ● 2009.07～2013.08
建成时间 ● 2012.09

国家体育总局运动医学研究所
体育医院改扩建

三 等 奖 ● 公共建筑
建设地点 ● 北京市东城区体育馆路甲 2 号，
国家体育总局训练局园区
用地面积 ● 15.18hm²
建筑面积 ● 0.75 万 m²
建筑高度 ● 20.55m
设计时间 ● 2010.11～2012.01
建成时间 ● 2013.05

曹妃甸港区口岸查验综合楼及
曹妃甸港口航运大厦

三 等 奖 ● 公共建筑
建设地点 ● 河北省曹妃甸工业区综合服务区北区
用地面积 ● 4.22hm²
建筑面积 ● 6.91 万 m²
建筑高度 ● 49.50m
设计时间 ● 2007.07～2009.05
建成时间 ● 2010.10

长安太和
（利山大厦 4 号楼）

三 等 奖 • 公共建筑
建设地点 • 北京市东城区建国门内大街甲 11 号
用地面积 • 3.67hm²
建筑面积 • 6.60 万 m²
建筑高度 • 84.85m
设计时间 • 2008.12 ~ 2009.11
建成时间 • 2012.03

民革中央机关西侧办公楼及大门改造

三 等 奖 • 公共建筑
建设地点 • 北京市东城区东皇城根南街 84 号院
用地面积 • 0.77hm²
建筑面积 • 0.33 万 m²
建筑高度 • 13.10m
设计时间 • 2009.12 ~ 2012.01
建成时间 • 2013.01

丰铭国际大厦

三 等 奖 • 公共建筑
建设地点 • 北京市西城区丰盛胡同
用地面积 • 3.48hm²
建筑面积 • 6.80 万 m²
建筑高度 • 47.97m
设计时间 • 2009.04 ~ 2010.04
建成时间 • 2012.07

内蒙古呼和浩特巨华时代广场商住楼

三 等 奖 • 公共建筑
建设地点 • 呼和浩特市兴华路南侧，西邻东影南路
用地面积 • 3.7hm²
建筑面积 • 17.20 万 m²
建筑高度 • 96.20m
设计时间 • 2008.08 ~ 2012.08
建成时间 • 2014.08

保利春天里住宅

三 等 奖 • 居住建筑
建设地点 • 北京市大兴区北臧村镇
用地面积 • 9.76hm²
建筑面积 • 33.82 万 m²
建筑高度 • 88.50m
设计时间 • 2011.04 ~ 2012.12
建成时间 • 2013.10

廊坊第九园兰亭住宅

三 等 奖 • 居住建筑
建设地点 • 河北省廊坊市安次区
用地面积 • 7.16hm²
建筑面积 • 18.34 万 m²
建筑高度 • 78.00m
设计时间 • 2010.05 ~ 2011.09
建成时间 • 2012.12

公园 1872 住宅 ●

三 等 奖 • 居住建筑
建设地点 • 北京市朝阳区朝阳北路八里庄北里
用地面积 • 15.99hm²
建筑面积 • 34.00 万 m²
建筑高度 • 99.00m
设计时间 • 2005.09 ~ 2012.06
建成时间 • 2012.11

天竺新新家园三区住宅及商务公寓

三 等 奖 • 居住建筑
建设地点 • 北京市顺义区天竺镇薛大人庄村
用地面积 • 2.74hm²
建筑面积 • 10.75 万 m²
建筑高度 • 45.00m
设计时间 • 2010.06 ~ 2012.04
建成时间 • 2013.11

图书在版编目（CIP）数据

BIAD优秀工程设计2014 / 北京市建筑设计研究院有限公司主编 . — 北京：中国建筑工业出版社，2015.9
ISBN 978-7-112-18374-6

Ⅰ.①B… Ⅱ.①北… Ⅲ.①建筑设计—作品集—中国—现代 Ⅳ.①TU206

中国版本图书馆CIP数据核字（2015）第198245号

责任编辑：徐晓飞 张 明
责任校对：张 颖 党 蕾

BIAD优秀工程设计2014
北京市建筑设计研究院有限公司　主编
*
中国建筑工业出版社出版、发行（北京西郊百万庄）
各地新华书店、建筑书店经销
北京雅昌艺术印刷有限公司制版
北京雅昌艺术印刷有限公司印刷
*
开本：965×1270毫米　1/16　印张：14 3/4　字数：472千字
2015年9月第一版　2015年9月第一次印刷
定价：160.00元
ISBN 978-7-112-18374-6
（27620）
版权所有　翻印必究
如有印装质量问题，可寄本社退换
（邮政编码100037）